立足于儿童道德心理研究前沿 为当下

儿童道德心理学

［美］威廉·达蒙 William Damon ———— 著

秦红梅 ———— 译

Moral Child:
Nurturing Children's Natural Moral Growth

上海社会科学院出版社
SHANGHAI ACADEMY OF SOCIAL SCIENCES PRESS

图书在版编目（CIP）数据

儿童道德心理学/（美）威廉·达蒙著；秦红梅译.
—上海：上海社会科学院出版社，2020
书名原文：MORAL CHILD: Nurturing Children's Natural Moral Growth
ISBN 978-7-5520-3053-2

Ⅰ.①儿… Ⅱ.①威…②秦… Ⅲ.①儿童心理学—道德心理学—研究 Ⅳ.① B844.1 ② B82-054

中国版本图书馆 CIP 数据核字 (2020) 第 014572 号

Simplified Chinese Translation copyright©2020
By Beijing Runcheng Books Co., Ltd.
MORAL CHILD: Nurturing Children's Natural Moral Growth
Original English Language edition Copyright©1988 by William Damon
All Rights Reserved.
Published by arrangement with the original publisher, Free Press, a Division of Simon & Schuster, Inc.

上海市版权局著作权合同登记号：图字 09-2020-156 号

儿童道德心理学

著　　者：	（美）威廉·达蒙
译　　者：	秦红梅
责任编辑：	周　霈
装帧设计：	主语设计
出版发行：	上海社会科学院出版社
	地　　址：上海顺昌路 622 号　邮　编：200025
	电话总机：021-63315947　　销售热线：021-53063735
	http://www.sassp.cn　　E-mail：sassp@sassp.cn
印　　刷：	三河市恒彩印务有限公司
开　　本：	880 毫米 × 1230 毫米 1/32
印　　张：	8
字　　数：	149 千字
版　　次：	2020 年 5 月第 1 版　2020 年 5 月第 1 次印刷

ISBN 978-7-5520-3053-2/B・271　　　定　价：46.00 元

版权所有　翻印必究

前言

　　道德教育已成为人们普遍关注的问题。父母们担心自己的孩子在成长过程中缺失传统价值观。老师们抱怨他们的学生在道德方面看上去既浅薄又卑劣。为了消除这些担忧，社会活动家们开始行动起来，要求学校把更多的时间和精力投入到道德教育上来。未成年人的道德问题不再只是家庭中或操场一角的行为问题，也不再只是意见领袖和学者的专属问题，它成为公众监督和辩论的焦点，成为公认的头等重要的社会问题。

　　如果每天看新闻，你就会清楚地了解到引发这场道德问题关注浪潮的根源在于社会环境。媒体几乎每天都会报道披露受人尊敬的公众人物道德败坏的丑闻。值得信赖的官员、受人尊敬的候选人、知名的意见领袖，以及令人艳羡的金融大亨，在众目睽睽之下全都露出了真面目。揭露的行为从小偷小摸到滔天大罪，涵盖各种道德恶行和不检点行为：盗窃和金融诈骗，通奸和性侵，各种不诚和伪善行为。一些身居要职的人也沦为无耻之徒。难怪人们要问，在当今的社会生活中，孩子们是否还能学到宝贵的道德价值观，学校的道德教育是否能发挥应有的作用。

更令人不安的是，我们的下一代的健康和未来前景正在受到日益盛行的道德混乱之风的危害。老一辈人总是对年轻一代的性道德感到担忧，而如今这方面的问题变得更加严重了。我这里说的是性传播疾病带给年轻人越来越多的危险；也包括不那么引人注目但仍异常普遍的少女早孕现象。这些都是过早偷食禁果所带来的结果，它完全可以毁掉孩子的未来。因为这些潜在的风险，年轻人的性道德教育呈现出了一种迫在眉睫的紧迫感。

威胁我们年轻一代未来的另一个明显且迫切的危险，是当今学校中教育氛围的匮乏。这种情况还反映出道德教育中存在的一个问题，而它在很大程度上源于许多年轻人自身的行为不端。即使是最好的学校也会存在暴力、滥用毒品以及其他的反社会行为。和这些问题相比，诸如作弊（现在仍然频繁出现）之类的传统轻罪反倒显得不那么重要。学生不端行为的频繁发生迫使许多校区采取防御性措施。校方每天关心的重点已从追逐教学质量降为诸如"维持纪律和秩序"这样不那么崇高的目标。孩子们的价值观状况再一次引发人们的关注，大家想知道有没有可能让我们的下一代拥有更出色的道德感。

因此，儿童的道德问题已经完全变成公共话题，这也就不足为奇了；形形色色的社会活动家、文化和意见领袖，以及报纸、电视网络和杂志的社论作家都呼吁在家庭和学校中大力开展道德教育。在这一点上，守旧派和进步派站在了一起，他们一致认为，良知和认知都是教育的重要主题。事实上，道德价值观似乎已经加入到"三R"① 的行列，成为儿童在受教育过程中毫无争议必须获取的内容。

但如果我们对这一公共话题进一步探究，从"道德教育重要吗"的问题延伸到"我们应该如何开展道德教育"以及"我们应该教给孩子们哪种价值观"的问题，分歧就开始出现了。这也不足为奇。毕竟，作为成年人，我们经常在对与错的问题上都存在着深刻分歧。自然而然地，这很快就会转化为对我们的下一代应该接受什么样的道德信息的分歧。一些人注重自由和自主的美德，而另一些人则会强调忠诚、服从和尊重权威的美德；一些人注重平等和需要的价值，而另一些人则强调美德和优秀的价值。一些人主张自我肯定，而另一些人则主张自我否定；有的人看重公正，有的人看重仁慈；不一而足，其分歧之大完全超出我们的想象。

虽然在这场道德的纷争中偶尔会迷失方向，但我们看到了所有文明人对自己子女怀有的殷切希望和期待。谁也不想让自己的孩子死于毒品或不治之症，也不想看到孩子的未来被糟糕的教育或过早的生育毁掉。所有父母都反对自己的孩子从事暴力行为或其他形式

---

① 指读、写、算三种技能。——译者注

的反社会行为,大多数成年人希望看到年轻一代拥有无可争议的道德品质,如诚实、善良、责任感和公平意识。这些都是超越于日常辩论之上的人的基本素养。

当代人痴迷于道德教育的最大讽刺——这是个可悲而非有趣的讽刺,因为付出的代价是如此高昂——就是我们把大部分精力花在争论那些不太重要的有争议的问题上,而不是花在解决我们认为至关重要和紧迫的问题上。我们让道德教育成为一种政策化的问题,而不是把它当作它所真正代表——我们的孩子——的教育权利和发展的需要。因此,我们只是争论道德选择的细微差别,而不是把精力放在如何最好地把我们文化中核心的、不存在争议的价值观传递给下一代。

此外,我们最近对道德教育的关注回避了对儿童道德的科学研究。人们普遍的想法是,只要告诉孩子们什么样的价值观是正确的,就最好地实施了道德教育,无需借助任何的系统知识、策略或技巧。

在关于真实事件的报道中,学术研究成果往往难寻其踪,有时是因为它传达的信息晦涩难懂,有时是因为它的结论是试探性的或假设性的,有时是因为它关注的重点与我们日常关注的问题毫不相干。事实上,这种情况经常发生,以至于许多人下意识地把学术成果抛回了象牙塔,而对于它能帮助我们解决日常生活中的问题不抱太多期望。这种情况在社会科学领域的研究中最为常见。就人类自身的事情来说，人们理直气壮地对专家持怀疑态度，而且自然而然地希望为自己保留信仰和选择的基本权利。当社会科学领域的研究走出"纯学术"的圈子，进入公共辩论和政策领域时，就带出了一种"自以为是"的气质。

但是，在这种情况下，我们合理的谨慎可能导致错失良机。科学的信息可以指导我们明确和解决我们在道德教育上的选择问题，可以帮助我们理解儿童在日常生活中获取道德价值观的过程；帮助我们认识道德的起源和道德发展的里程碑，帮助我们分析有问题的道德行为，并向我们建议有效的道德教育策略。

因此，毫无疑问，针对儿童道德的科学研究有很大潜力能帮助我们改善儿童道德价值观。然而，这是一种尚未被开发的潜力，因为大部分的研究要么对公众来说是未知的，要么被视作无关紧要的而被忽视掉，要么被斥为象牙塔里的无稽之谈，以至于出现在大众媒体中的研究往往受到了致命的歪曲。

批判的声音甚至来自学术高墙之内。例如，哈佛大学的精神病学家罗伯特·科尔斯最近写了一部名为《儿童的道德生活》(*The Moral life of Children*) 的书。该书主要记录他和一些儿童打交道的经历以及对他们的印象，这些儿童面对逆境时也能保持高贵品格，坚持操守。科尔斯声称社会科学理论与他的观察结果无关，因为社会科学还没有认识到儿童可以拥有强烈的道德感。科尔斯暗示，当前的心理学研究在儿童道德问题上得出了两个错误结论：(1) 道德只是作为一种防御机制而产生的，来自于他人的需求和精神系统，在经历长期的冲突之后被强加到儿童身上；（2）道德是一种抽象的逻辑体系，在生命后期才发展起来，主要存在于受过良好教育的人当中。在暗示这些贫乏的思想囊括了当今社会科学知识的全部之后，科尔斯将自己置身于儿童一边，反对这种轻视儿童早期道德感的冷漠科学。

科学占据着统治地位，而挑战权威的做法总是有一定的公众吸引力。但科尔斯对当前儿童道德知识状况的描述是错误的。作为一名从事研究的心理学家，在阅读科尔斯的著作时，我的反应类似于看到一位十八世纪的天文学家在对"盛行的"太阳围绕地球转的观点进行尖锐的抨击。这位辩论者站在了正确的一方，但他的对手却早已不复存在。此外，这种攻击几乎无益于人们对当下时代的理解，而且，就这套尚且有用的知识体系而言，它向很多不熟悉它的人做了错误的解读，这反而帮了倒忙。

科尔斯并非唯一对有关儿童道德的科学研究持怀疑态度的人。如前所述，持有这种怀疑态度有几个合理的理由。但是，如果我们拒绝接受对我们公认是当务之急问题的最有用信息，那这就是我们整个社会的损失。与科尔斯的认识截然相对，最近有大量的学术研究充分尊重了儿童早期的道德能力。当代期刊上充斥着关于儿童的分享、善良和诚实品德的研究，以及其他可以想象到的年轻人的美德、观念、情感和情绪的研究。事实上，这是过去二十年来发展心理学最热门的话题之一。实际上，最近的这些著作都没有把道德仅仅看作是一种防御机制，或者是一种儿童无法掌握的抽象体系。

今天的媒体中充满了关于儿童道德的令人担忧的辩论。然而，在所有这些辩论中，几乎没有提到社会科学在过去五十年中在这个问题上积累的知识。迄今为止，我从未见过公众讨论和被忽视的信息之间存在如此大的差距。我的看法是，这种差距反映的是人们对这个知识宝库普遍缺乏了解，而不是有意识的厌恶。我不相信，当孩子们的福祉处于危险之中时，人们仍希望对诸如道德教育这样复杂且重要的问题继续采取"一无所知"的态度。

相反，我相信关于儿童道德的学术研究不为人知，是因为它零星地分散在不同的学术期刊和专业著作中。目前为止尚缺乏一个集中的信息源，以便人们从中发现关于儿童道德的已知知识，以及如何将这些知识应用于道德教育。这本书的首要目的就是提供这些信息。它的第二个目的是提出一个关于道德教育的全新立场。这是一个与那些我们在公共论坛上经常听到的截然不同的立场，它直接来源于我们关于儿童道德发展进程的最前沿信息。

通过记录道德在童年时期的自然成长变化，本书将说明道德是如何从儿童与父母及同伴交往的早期社会经历中自然发展起来的。正是通过共同的活动，如分享和帮助，以及通过普遍的情感反应，如愤怒、恐惧和羞耻，孩子们获得了很多根深蒂固的价值观和行为标准。成年人的影响也起着至关重要的作用，但成年人的这一角色必须加以限制。此外,它还会受孩子其他生活经历的影响。

　　在强调道德成长是一个复杂和相互交织的过程时,我对当前席卷全国的道德教育关注采取了不同以往常的立场。公开辩论的一方认为,如果想要儿童成长为负责任的公民,就必须向他们灌输道德价值观。另一方则认为儿童都具有善良的天性,应该尊其自然生长。本书将对这场辩论的双方都提出异议。这体现在,它将证明,作为一种道德发展工具,灌输手段不仅是无效的,并且可能适得其反,但某些指导性的经验对提高儿童的道德感和加强他们的道德责任感是十分重要的。

　　在编写本书的过程中,我得到了一些直接或间接的帮助。首先要感谢杰罗姆·卡根为我提供了他最近与 S. 兰姆合著的一本重要著作的早期手稿版本中的有关章节,这本著作探讨的是道德意识的出现。我从与詹姆斯·尤尼斯、戴安娜·鲍姆林德、艾略特·图里尔、卡罗尔·吉利根和理查德·施维德的讨论中获益,也从他们寄给我的一些文稿中获益。安·希金斯帮助我从当前的道德教育项目中收集了各种各样的教学材料,有助于我撰写第8章关于学校道德教育的内容。我也很喜欢与埃德·韦恩就这个话题进行讨论,并且很有兴趣进一步了解他的观点。劳拉·沃尔夫是一位细心而富有洞察力的编辑,南希·艾森伯格对书稿提出一些很有见地的建议。在整个过程中,安妮·科尔比一如既往地给予我方方面面的宝贵帮助,无论是才智还是其他方面。

目录

第 1 章   *001*
从儿童的视角看待道德问题

从儿童第一次和他人建立关系开始,道德就是他们生活中基本、自然和重要的一部分。它不是由知晓所有问题答案的外部世界的人强加给他们的外在事物……

第 2 章   *019*
早期道德情绪:同理心、羞耻感和内疚感

几种重要的道德情感——同理心、羞耻感和内疚感,以及对他人违反标准的焦虑感——在人生早期就存在,并在整个童年和青少年时期经历持续的发展变化。这些情感为孩子获得道德价值观提供了天然的基础……

第 3 章
通过分享学习公正　047

理解儿童的分享行为首先意味着要知道他们为什么这样做，以及他们在什么时候最有可能这样做或拒绝这样做。这还意味着要了解儿童在成长过程中分享行为的变化，这需要了解儿童在做出分享决定时的理由，以及这些理由如何随着年龄增长而变化，还需要了解影响儿童分享行为的下意识的心理逻辑过程……

第 4 章
父母的权威和家庭的规则　081

父母（或父母的替代者）在孩子的道德发展中起着不可替代的重要作用。由父母首先向孩子介绍社会秩序的规则和逻辑。除了告知孩子家庭内外的约束之外，这还意味着执行这些约束并向孩子传达其社会性的目的……

第 5 章
平等互动：同伴间的合作游戏 *119*

在婴儿期结束后的几年里，儿童和同龄人待在一起的时间越来越多。在这一过程中，他们开始建立并保持密切的同龄人关系。这些最早期的关系形式绝非真正的友谊，但随着年龄的增长，儿童获得了与亲密朋友建立起稳定关系所必需的知识和个人经验……

第 6 章
文化、性别和道德 *153*

在历史上的大多数社会中，妇女都承担了照料孩子的主要职责。这意味着男孩和女孩最初体验到的主要社会关系都是与一位女性的关系。对女孩来说，这是一种与同性成员的关系；对男孩来说则是一种与异性成员的关系。正是这种社会体验的不同，导致了儿童道德取向的差异……

第 7 章
促进儿童道德成长 　183

如果要对儿童的道德成长做出积极贡献，父母和学校就必须了解儿童的道德发展需要。道德成长的首要发展条件是充分参与建立在儿童初生的道德情感基础上的各种社会体验。为了给儿童创建充分参与和道德学习的环境，成年人必须对儿童采用"尊重参与"的做法……

第 8 章
在学校里传授道德观 　209

如果要儿童成为一个自主的道德行为主体，就必须尊重和培养他们自己做决定的能力。但绝不能让孩子们误以为他们所做的一切决定都是正确的。成年人必须让儿童参与反馈、讨论、推理和辩论，以便清楚有力地传达成年人的立场……

第 1 章
CHAPTER1

从儿童的视角看待道德问题

从儿童第一次和他人建立关系开始,道德就是他们生活中基本、自然和重要的一部分。它不是由知晓所有问题答案的外部世界的人强加给他们的外在事物……

儿童在很小的时候就有敏锐的道德感。当一个 4 岁的孩子向兄弟姐妹、父母或朋友哭诉"这不公平"的时候，他会感到愤怒，这种愤怒与成年人对任何侵犯个人权利的反应是同样强烈的。这个孩子还可能对他人的不幸表现出深切的同情和关怀。这说明幼儿也能体会到不公正的感受和同理心的影响力。他们也知道有责任对家人和朋友做到诚实、公平、友善、尊重以及忠诚。

这并不是说儿童是道德上的圣人，生来就具有纯洁的品格。儿童的社会行为远不止出于"做个好孩子"这样的动机。和成年人一样，儿童也可能表现得冷酷无情、自私，甚至残忍。他们可能故意做坏事，也可能有意做好事。但是，问题的关键是，从儿童第一次和他人建立关系开始，道德就是他们生活中基本、自然和重要的一部分。它不是由知晓所有问题答案的外部世界的人强加给他们的外在事物。

如果这句话让你感到有些惊讶或与现实不符，那是因为我们不可避免地从一个成年人的视角看待儿童的行为。我们往往把儿童行为，无论是好是坏，简单归因为成年人对儿童生活的影响。我们会关注成年人为儿童树立的榜样、可能提供或没有提供的教训、可能实施或没有实施的规则、可能执行或没有执行的惩罚，等等。从这样的视角来看，道德是源于儿童经验之外，通过成年人的教导以直接或间接的方式传递给儿童的。

我并非想贬低成年人的影响在儿童道德形成方面的重要性。本书其实主要是在探讨成年人如何促进儿童道德意识的发展。但是，把道德看作是一套外在的标准，由成年人以某种方式强加给不知情或不情愿的孩子则是错误的。这种观点会干扰我们对孩子们体验到的非常真实和强烈的道德情感的理解。它忽略了儿童在与伙伴在一起时以及在家庭环境中道德情感的自然流露。因此，它在我们试图与孩子们沟通道德价值观的道路上设置了一个巨大的障碍。事实上，我将在后面的章节中说明，我们当前大多数道德教育的努力之所以失败，正是源于这种错误但却十分盛行的观点。

道德是从社会关系中自然产生的，儿童的道德也不例外。无论在什么地方，只要有人类的对话和人际交往，就会带来行为准则、关怀和责任感。儿童很早（实际上是从出生之时）就参与社会关系[1]。他们关于道德的认识和感受，是这些早期关系以及在之后生活中产生的其他关系所带来的不可避免的结果。

儿童道德反应的具体特征是由儿童拥有的各种关系的性质决定的。所有儿童的道德反应都会烙印上童年时代的特征，而这是在童年生活的文化环境中逐渐形成的。在西方社会，儿童的社会生活在很多重要方面都与成年人的社会生活不同。例如，在我们的文化中，儿童不用工作谋生，可支配的钱很少，在社会管理中没有发言权，对攸关性命的生活必需品——住所、食物、健康和医疗——几乎不承担任何责任。儿童很少触及与这些问题相伴的道德问题，除非是通过观察或诸如媒体这样的间接渠道获得相关信息。

正因为我们成年人的道德反应关注的是与儿童无关的问题，所以我们常常难以从实际出发来看待儿童道德。这常常导致我们无法足够深入地理解儿童的道德感。因为孩子们面对的道德问题与我们的不同，所以我们可能无法认识到他们独特的道德关怀，甚至可能认为道德在他们的生活中并不占有重要地位。

但是，和成年人一样，儿童有着复杂的社会生活，经常会遇到

---

[1] Stern, D. N. *The Interpersonal World of the Infant*. New York: Basic Books, 1985. （中文版《婴幼儿的人际世界》，已由华东师范大学出版）

令人烦恼的道德问题。他们有朝夕相处的朋友、家人，有时会面临如何分配渴望得到的物品的问题。家里有必须履行的义务，比如服从长辈和帮助家人；到了童年中期，学校也开始有他们必须做的学业和必须遵守的行为标准。还有他们必须遵守的社会标准，并且有权威人士执行这些标准：即使是年幼的孩子也会被禁止做出偷窃、擅自闯入、破坏公物等行为。

只要孩子们能够与他人交流，能够对自己的社会交往做出推断，他们就随时可以接受自身文化的价值观和信仰。这很可能发生在生命初期：心理学家现在把沟通能力追溯到了婴儿时期。儿童在早期接触文化价值观，可以增强他们对社会关系中可能出现的道德问题的直接感受。儿童早期经历的人际关系、物品分配、义务和接受的价值观融合在一起，形成富饶的土壤，从这片土壤中成长出了鲜活的，有着鲜明特征的童年道德。

儿童会面临什么样的道德问题？任何拥有童年记忆的人都会承认有过下列困惑：当我违背了父母的话，并且知道告诉他们真相只会给我带来麻烦时，我还会告诉他们真相吗？我想自己待着，但是隔壁的孩子很孤单，我还应该邀请他来吗？因为我堂兄把他的自行车借给我一次，我就必须和他分享我所有的东西吗？考试时我最好的朋友抄了我的答案：我应该让他作弊，还是告发他？既然店主很有钱，而我又缺钱，我为什么不能从这家商店偷一张我最喜欢的唱片呢？

这些典型的童年道德问题集中在诚实、公平和对他人的关心上。如果这些普遍的问题对我们来说似乎是熟悉的道德问题，那它们就本该就如此。因为，尽管儿童时期的道德是通过儿童社会世界的特定特征塑造和表现出来的，但它萦绕在人类道德话语中的各种问题周围。当儿童与朋友和家人相处时，他们会体验到很多我们在自己身上看到的道德情感。

有时需要特殊的环境才能让我们注意到这个看似简单的事实。罗伯特·科尔斯在他的书中对自己对这个问题的感悟作了有益而翔实的描述。科尔斯回忆了几次他被儿童在困境中表现出的高贵精神所震撼的经历。例如，他讲述了一个名叫鲁比的黑人小女孩的故事。20世纪60年代初，这个小女孩作为唯一的黑人学生进入南方的一所学校，不断受到其他学生的嘲讽。出于自己根深蒂固的信念，鲁比选择为折磨她的人祈祷，而不是在痛苦和仇恨中默默地诅咒他们。鲁比认为，与其和那些在道德上被误导了的欺压者针锋相对，还不如耐心而满怀希望地等待一个更好的未来。科尔斯写道，"鲁比有坚定的决心，并用它做出道德选择；她表现出了道德上的毅力；她让人敬佩并且很勇敢。"科尔斯承认，当这个小女孩用理解和宽恕来回应敌意时，对于她所展现出的宽宏大量，他并没有做好认真对待的准备。像许多其他成年人（包括专家，科尔斯写道）一样，他完全没有意识到这个孩子身上所蕴藏的全部道德潜力。

在本书中，我们将会遇到许多在人生早期展现出分享、慷慨、善良、诚实、忠诚和其他各种美德的例子。我们还将遇到一系列在童年时期表现出的令人震惊的道德意识和情感，从因做了禁止的事情被当场抓到而感到羞愧，到对诸如公正和仁慈之类的抽象行为准则的复杂权衡。我们将识别培育道德信仰和行为的条件，解决个体差异的问题，并提出促进儿童道德成长的建议。

但首先我们需要讨论一个更基本的概念问题，即道德本身的意义和范畴。这是那种两个人说相同内容却有完全不同含义的词汇。例如，我曾听过几位教育家争论是否应该在课堂上教授道德，但他们后来发现自己所指各有不同，一位指伦理教育，一位指的是性教育，另一位指的是公民教育。

当然，道德没有一个统一且被普遍接受的定义。几个世纪以来，哲学家们一直在为此争论不休，而且还将继续争论下去。这不只是一个语义问题：一个人如何定义道德将决定他对道德信仰和行为以及道德教育的许多结论。苏格拉底很久以前就阐明了这一点。当梅诺①问他美德是通过实践或学习获得还是与生俱来时，苏格拉底回答说："你一定认为我知道美德是如何获得的，事实上我根本不知道这是后天习得的还是遗传的，我也不知道什么是美德。"

无论是本书还是其他书都不能完全解决"什么才是道德的最好定义"的哲学争论。道德在世界各地发挥的作用和实现的目的不仅千差万别，而且在许多情况下仍有待进一步拓展。新的道德问题出现在人们完全没有料到的领域：使用基因工程的"基础科学"实验室就是一个例子。道德是一个活生生的、不断发展的、多层面的概念，它永远不会被任何一套严格的定义标准所涵盖。然而，对道德的含义缺乏完全的共识，并不一定会迫使我们不加分析、盲目而混乱地使用这一术语。下列陈述是对道德在儿童发展研究中是如何定义的概括：

1. 道德是一种对行为和事件的评价取向，用来区分好与坏，并指出什么才是好行为。

2. 道德意味着社会集体公认的责任感标准。

---

① 苏格拉底经常与人进行辩论，辩论中他通过问答形式使对方纠正、放弃原来的错误观念并帮助人产生新思想。梅诺就是与其对话者之一。

3. 道德包括关心他人的福祉。这意味着道德责任必须超越个人纯粹的私欲。对他人的道德关怀既有认知成分又有情感成分，会对判断和行为产生影响。

4. 道德包括出于对他人关心而采取行动的责任感。这种责任可以通过关怀、仁慈、友善和同情的行为来表达。

5. 道德包括对他人权利的关心。这种关心意味着一种公正感和对公平解决冲突的承诺。

6. 道德包括在人际交往中把诚实作为一种行为准则的承诺。

7. 道德在被违背时，会引起判断和情感上的不安反应，包括羞耻、愧疚、愤怒、恐惧和蔑视。

尽管这份清单不详尽，并且在哲学上还存在争议，但它基本涵盖了社会学家所认同的在人的发展中至关重要的道德层面。这些道德层面界定了本书将涵盖的范围，并且每一层面都代表了一类道德行为与可能产生的情感。在一个人看来是正确的行为，在另一个人看来可能是错误的；让一些人感到羞耻的行为可能会让另一些人感到骄傲。变化性是人类道德的一种内在特征，许多人甚至怀疑它是否具有规律性。当然，对这种规律性的探索，正是那些想要了解和促进道德发展的人的动力所在。

在对儿童的研究中,有一种变化特别有趣:随着儿童年龄的增长,儿童的道德判断和行为也会随着发生变化。这些变化为我们提供了正常道德发展过程的信息。它们还告诉我们会出现的情况,并为我们提供教育干预的指导方针。对道德发展的研究在很大程度上就是研究年龄的增长如何改变儿童关于事物对错的看法,以及他们对道德问题做出情感和行为的反应。正是在这一方面,社会学家寻找并发现了一些基本规律。

我们如何才能绘制出儿童道德发展变化规律的蓝图?这项任务需要比较儿童和成年人的行为。这比它表面看上去要更棘手一些。对于做这种比较的成年人来说,儿童的社会生活在一定程度上是陌生的。这就容易造成误解和疏忽。儿童表达道德信仰的方式,可能出离于成年观察者的视野之外。或者儿童行事可能依据的原则对成年人来说非常陌生,而成年人无法完全地理解这种原则。很多时候,原则上的差异会带来儿童眼中"象征性的暴力"(有时甚至是真正的暴力),比如成年人错把儿童的善意行为当成恶行并实施体罚。上述种种可能性代表了概念上、方法上和沟通上的问题,可能对我们了解儿童道德造成严重障碍。事实上,儿童研究史上充满了值得我们关注的因这类障碍而搁浅的探索。

20 世纪 20 年代末,由耶鲁大学的休·哈茨霍恩和马克·梅领导的一组杰出的研究人员试图在儿童道德行为中寻找持之以恒的行为模式,但却失败了,这令他们感到困惑①。他们试图通过一系列试验性测试来预测哪些孩子会诚实对待测试,哪些孩子会在测试中作弊。给孩子们布置的任务是诸如在不查阅资料或询问他人的情况下说出各州首府之类的问题;或者在闭上眼睛的情况下在纸上的圆圈里准确地画上记号。作弊的一项指标是,调查人员暗中观察哪些孩子不服从成年人的指示,相互帮助完成任务。

哈茨霍恩和梅开展他们的调查研究有一个合理的初始假设,即道德品格早在童年时期就已经开始形成。他们期望能发现,已懂得诚实的孩子会趋向前后一致地这样做。他们还假设,能够背诵童子军守则等道德准则的孩子,会比不会背诵的孩子更有可能在行为中遵守这些准则。

但是,尽管这项在当时算是最大规模的调查涉及到十多项研究和数千名调查对象,研究人员在他们的调查结果中几乎没有发现规律。在一种情形下表现诚实的孩子会在另一种情形下作弊,他们的行为似乎与他们所知道的童子军守则等道德准则没有密切关系。

研究人员得出的结论是,这种低相关性和零相关性意味着,儿

---

① Hartshore, H, and May, M. A., *Studies in the Nature of Character*, 1928–30.

童的道德受到情境的制约。他们开始相信,道德行为更多地是由某些特定情境的需要引起的,而不是由儿童所接受的教育或品格引起的。如果有发展的或个性方面的因素导致道德行为的一致性,那这些因素在童年时期似乎没有发挥作用。

从目前了解的知识来看,我们可以认为这些研究结果与关于儿童时期道德成长的大量发现并不相符。我们会在后面的章节中看到,到目前为止,有充分的证据表明儿童道德行为具有一致性和内在规律性,而且有许多迹象表明,性格中较为持久的特征确实是在生命早期形成。那么,哈茨霍恩和梅的广泛调查是如何忽视掉这些重要的规律性呢?

我们首先要问的是,在这项研究中,孩子们看待道德问题的方式是否与研究者的相同。他们明白在这种稀奇古怪的测试中抄袭晦涩难懂的答案被看成是作弊吗?也许在抄袭(或让别人抄答案)的孩子眼中,这些行为被视为朋友间的相互帮助。从这样的角度看,所谓"作弊"可能变成了一种忠诚和合作的行为!在被不熟悉的成年人"刁难"的情况下,尤其是在面临的任务与日常的课堂学习无关,因而不被当作是重要的学校测试时,诚实对孩子们而言可能甚至都不是重要的道德问题。因此,是否存在这样的可能:同样的行为对成年人来说代表着不诚实和欺骗,对儿童来说则代表着道义和帮助？那些被成年人视为不道德的行为对做出这些行为的孩子来说，却代表着有意的道德选择[①]？很有可能哈茨霍恩和梅的试验确实触及到儿童道德的根本所在，但这一方向随后被人们忽视了，因为研究探寻的是成年人更易接受的"成功"——符合成年人的标准。

现在我们清楚地认识到，成年人很难理解儿童看待道德问题的方式。这是因为，在儿童时期社会关系的背景下，对成年人具有严肃道德含义的行为在儿童看来可能是微不足道的。我们不能想当然地认为，行为的道德意义在整个发展过程中都是一成不变的。

今天，如果有人把儿童背诵行为戒律和童子军守则的能力作为儿童具有良好道德知识的指标，这在我们看来是有些荒唐的；然而，在哈茨霍恩和梅的时代，这么做看上去是完全合理和妥当的。到目前为止，我们所了解的知识足以使我们怀疑孩子对这些准则的简单记忆会对他们的善良、诚实、忠诚、服从和公平的品质发展有任何影响。我们知道，为了拥有建立在自己社会经验基础之上的道德观，孩子们不需完全遵循成年人的道德准则。

[①] 哈茨霍恩和梅的研究中没有证据表明，孩子们的行为是出于合作意识或童年时期对同伴的忠诚。但是，科学界有一个古老的规则，调查人员往往会忽略他们预料之外的东西。该调查没有涉及任何有助于开发面向同伴的道德准则的措施。

哈茨霍恩和梅的调查研究带给我们的启发是，如果我们期望儿童用符合成年人标准的行为表达他们的道德感，那他们的道德感就很容易被忽视。儿童有他们自己的社会生活，并且可能会参与一些与我们完全不同的人的际交往活动。例如，他们可能和我们一样尊重"守信"这个标准，但他们也可能认为，与一个提出奇怪要求的陌生人相比，与朋友之间守信更为重要——尤其是当这两件事发生冲突的时候，就像哈茨霍恩和梅的实验所证实的那样。传达的信息很清楚：成年人要理解儿童的道德观，就必须能在儿童世界的背景下理解儿童行为的意义。之所以如此困难，是因为发展过程中的变化早已改变了成年人对几乎所有道德问题的解释。

这是一个值得特别强调的信息，因为并不只是社会学家在理解儿童道德方面遇到发展变化上的障碍。父母、老师、心理辅导教师——事实上，所有试图给孩子们上道德课的成年人——都面临着同样的障碍。通常情况下，他们在发生冲突时依然意识不到这一点。这会进一步损害成年人与儿童沟通道德问题的能力，甚至可能造成成年人与儿童之间持续的不信任。

下面是在我做了一场关于儿童道德的报告后，一个小学老师给我讲的一个真实的故事。为了尊重不同的信仰，学校禁止教师向学生发表任何关于信仰的言论。那位年轻的老师刚入职不久，她在接受职前培训时就被告知了这条规定,而且理所当然地接受了。

这起事件的起因是一个课堂科学项目,在这个项目中,老师要求一年级的学生在一个受控的环境中饲养一些鱼。每个孩子都有一条鱼要照顾。当一个小女孩养的鱼死掉时,小女孩想知道这条鱼死了以后会怎样。它会在某个地方复活吗?它还会快乐吗?它还会记得照顾它的那个小女孩吗?老师立刻想到了学校的规定。因此,她只是简单地安慰小女孩说这条鱼没有痛苦,她们可以把它埋在学校的院子里。她还告诉小女孩,她们再也见不到这条鱼了,并建议她重新养一条。

第二天,校长怒气冲冲地把这位老师叫到了办公室,质问她怎么能在鱼死后对学生说它"上了天堂"呢?很显然,这个小女孩向父母讲述了鱼的事情,但她没有如实转述,而是加了一些与天堂有关的内容。孩子的父母坚信人与动物的灵魂存在本质区别,因此反对女儿继续在认为鱼会有来生的学校里读书。

这位老师告诉校长她没有说过这样的话,这件事情很快就过去了,没有造成更糟糕的后果,但是她对学生仍心存疑虑。她喜欢这个小女孩,但又忍不住怀疑,这个孩子是不是故意捣乱,给她制造麻烦。也许小女孩原本就不诚实?要么对老师心怀怨恨?与这些令人不安的问题交织在一起的还有这位老师的一个基本信念,即她相信这个小女孩只是个孩子,其行为也是孩子气的行为。但是,为什么会出现这种带有挑衅性的沟通误会呢?

研究过 6 岁儿童道德推理的发展心理学家为这位老师的疑问找出了一些让人安心的答案。这个小女孩虚构的内容并不一定(或许是不可能)出自恶意的恶作剧。更有可能是,它的根源在于低龄儿童在特定场合或事件中喜欢把抽象的道德观念具体化的自然倾向。这种倾向被很多研究儿童道德的专家称为"道德现实主义"[1]。

在试图理解所爱的小动物的死亡时,小女孩求助于天堂的概念,在那里善良的生灵会得到应得的回报。当然,这是一个在西方文化中广泛接受的概念,也是一个易于被儿童理解的概念。相比之下,小女孩可能难以理解老师关于鱼生命消失的隐晦回答。

对这个小女孩来说,她父母对人类灵性和动物非灵性的抽象区分不可避免地留下了一种概念真空。这个小女孩以 6 岁儿童特有的创造性方式填补了这一空白。这导致了她对老师话语的美化。她是否意识到她所转述的话与老师的原话不一致,我们不得而知。但我们有理由得出这样的结论:这个小女孩的故事所反映的更多的是一

---

[1] Piaget, J. *The Moral Judgment of the Child* New York: The Free Press, 1932/1965, 中文版《儿童的道德判断》由山东教育出版社于 1984 年翻译出版。——译者注

个 6 岁孩子在理解一个令人困惑和不安的事件时的需要，而不是一种内在的性格缺陷。

这一结论与那位老师的直觉判断一致，但她仍有一些挥之不去的疑问。她之所以会产生这些疑问，原因在于儿童的意义系统与哪怕是最敏锐的成年人的意义系统之间存在着不可避免的差距。这个差距对我们理解儿童的普遍行为，特别是儿童的道德构成了障碍。但研究人员已经找到了一些方法来弥补这一差距，并因此对儿童道德有了重大认识。后面几章记录了这些探索，并指出了其中所包含的教训，这也许有助于引导我们朝着共同目标，即为我们的孩子提供有效的道德教育的方向努力。

第 2 章
CHAPTER2

早期道德情绪：
同理心、羞耻感和内疚感

几种重要的道德情感——同理心、羞耻感和内疚感，以及对他人违反标准的焦虑感——在人生早期就存在，并在整个童年和青少年时期经历持续的发展变化。这些情感为孩子获得道德价值观提供了天然的基础……

同理心、同情心、敬慕和自尊等积极情绪，以及生气、愤怒、羞耻和内疚等消极情绪，都是我们对情境做出道德反应的重要组成部分。当我们强烈地感受到这些情绪时，它们会提供迫切的动机促使我们依据自身的标准来采取行动。这些情绪会影响我们在社会情境下的行为，以及对此情境的解释。通常情况下，正是对诸如内疚或责任感这些独特道德情感的感知，促使我们认识到某些生活情境下的道德要求。

道德情感还有助于道德价值观的长期发展。儿童在社会交往中会自然地体验到许多道德情感。当儿童反思这些道德情感时，他们会质疑并重新定义引发这些情感的价值观。或早或晚，这些被重新定义的价值观通过行为会获得检验，并进而促生新的情感、反应，并再一次对儿童的道德准则进行定义。这就是道德发展过程的模式所在。

大多数学者认为，道德情感是儿童社会技能的一个自然组成部分，婴儿在一出生就具有做出道德情感反应的潜能。有些人甚至声称，道德情感是来自世界不同文化背景的人所共有的一个道德特征。杰罗姆·卡根写道："……在各种表象举止和掺杂主观表达的理念之下，有一组情感状态跨越时间和地域成为了为数不多的人类普遍道德范畴的基石。"①

卡根和其他志同道合的科学家想要探寻，情感而非推理或逻辑才是普世道德的要素。卡根提出了五种核心道德情感：

1. 害怕惩罚、社会的指责或失败；
2. 同情苦难者；
3. 对自己冷漠无情或不负责任的行为的内疚感；
4. 因欲望的过度满足而产生的无聊感；
5. 意识到自己信念和行为的不一致而产生的焦虑感。

卡根认为，这些普遍存在的情感状态会激励人们获得各种美德，以解决与这些情感相关的紧张状态。特定美德的出现必须与个人的时代和文化背景相适应。因此，在古希腊，勇敢和智慧的美德

---

① Kagan, J. *The Nature of the Child*. New York: Basic Books, 1984.

得到发展,是对维多利亚时代新英格兰产生的谨慎、慈善和自制情感状态的回应。

儿童是如何体验这种情感状态的?关于这一问题的研究已经拓展到了幼儿园,以期寻找出道德反应的最早可能迹象。事实上,在刚出生两天的婴儿身上就发现了同理心的前兆。

在听到其他婴儿哭声时,婴儿经常会哭,并表现出痛苦的样子。当然,我们不知道这些婴儿是否只是把其他婴儿的哭声误认为是自己的不适。但即使假设他们是出于这样一种以自我为中心的困惑,这种最初的痛苦也是自发地对他人的不适感同身受的重要体现。听到哭声的婴儿自己没有感觉到疼痛,但仍然表现出了不适。从这一点我们可以看出,人类尚在婴儿期时就能彼此分担。这标志着作为道德的首要情感支持之一——同理心的出现。

同理心是指对他人的感受做出与之相似的情感反应。在同理心反应中,一个人会因他人的快乐而感到高兴,因他人的痛苦感到不安。这是一种自然的反应,可以在很小的孩子身上看到,但它绝不是一种必然或普遍存在的反应:如果是的话,我们就无需接受像人生格言(比如"己所不欲,勿施于人")这样的告诫了。那随之而来的关键问题是,我们在什么时候可以期待同理心会自发产生,我们能做些什么来进一步培养它呢?

虽然同理心是一种感受状态的体验，但它既有认知成分，又有情感成分。为了共鸣他人的感受，这个孩子首先必须准确地识别对方的感受。辨别他人心理状态的认知能力被称为换位思考。刚出生的婴儿可能会以一种原始的方式使自己与其他婴儿保持一致（比如听到其他婴儿哭声就一起哭），但他们最初的换位思考能力是有限的。因此，只有当儿童的认知能力发展到一定水平时，依赖于换位思考作为认知基础的儿童同理心反应出现的频率和范围才会有所增加。

换位思考在同理心中发挥的作用，可以帮助我们理解并预测同理心反应在儿童发展过程中的进展情况，因为主要是换位思考能力——同理心的认知构成要素——会随着年龄的增长而变化。新生儿有能力做出一些纯粹的情感同理心反应。这些早期的感受会变成亲社会行为的情感基石。但就有效的道德行为而言，儿童还必须学会识别他人更多的情绪状态。此外，儿童必须获得预知什么样的行为会改善他人情绪状态的能力。

马丁·霍夫曼把新生儿的同理心反应称为"原始的同理心"，因为婴儿还不能划清自我和他人的情感和需求的界限[1]。"原始同

---

[1] Hoffman, M. *Development of prosocial motivation: Empathy and guilt* In N. Eisenberg (Ed.), *The Development of Prosocial Behavior*. New York: Academic Press, 1982.

理心"的特征表现为婴儿在1岁左右时对他人的痛苦做出反应。这些反应可能很强烈，并且发自内心。霍夫曼举了一个11个月大婴儿的例子，她看到另一个婴儿摔倒并弄伤了自己，也掉下了眼泪，然后吮吸拇指，并把头埋进妈妈的怀里。他还引用了另一位心理学家观察到的同类现象：

9个月大时，霍普已经会对其他孩子的痛苦表现出强烈的反应。典型的是，尽管痛苦的场景显然会触发她自身的痛苦，但她并没有走开。霍普会聚精会神地盯着看，如果有一个孩子摔倒并弄伤自己，哭了起来，霍普的眼中就会噙满泪水。此时此刻，她完全沉浸在自己的情绪之中。她最终会哭着回到妈妈身边寻求安慰。

当然，并不是所有的婴儿都会在别人受伤时哭。事实上，很多时候婴儿只是满怀好奇，甚至开心地注视着别人的痛苦。原始同理心虽然在婴幼儿身上很常见，但它并不能保持前后一致，也不是普遍现象。

在婴儿的早期原始同理心阶段结束之后，第一个发展里程碑出现在从1岁到2岁的过渡时期。在这期间，婴儿对他人痛苦的不适感会发展成为真正的关切感。婴儿现在意识到其他人都是独立个体，会有他们自己不快乐的感受。此外，婴儿也许会感觉到其他人的不快乐可能需要关注和宽慰。然而，婴儿无法将这种认识转化为有效的行动。

我们可能都曾看到过那些好心的婴儿试图安慰他人，结果却徒劳的事例，因为他们对他人的需求仍然只有模糊的意识。例如，霍夫曼观察到一个 13 个月大的婴儿对哭泣的玩伴表现出由同理心引发的关心。这个有同理心的婴儿会叫自己的妈妈去安慰哭泣的孩子，而不是叫那个哭泣婴儿的妈妈，尽管那位妈妈也有空。他的意图虽好，但解决问题的方法不得要领，因为他将自己的需求投射到另一个婴儿身上了，这是儿童长期在认知上以自我为中心的反映。在其他类似的案例中，有人观察到学步期的孩子会把他们心爱的毯子或玩具娃娃送给看上去难过的大人以进行安慰。

到满 2 岁时，儿童对他人的需求和感受有了更深的体会，并意识到这些需求和感受与他们自己的不同。在接下来的几年里，他们越来越清楚地意识到每个人的观点都是独特的，其他人对某种情形的反应可能与自己不同。这种意识使儿童能够对他人的痛苦做出恰当的反应。例如，一个 6 岁的孩子可能会意识到，在某些情况下，一个不快乐的人可能宁愿独自一人待一会儿，而不愿得到帮助。这个孩子可能因此学会等待合适时机再提供安慰，并在提供帮助时能顾及对方的自尊或隐私。简而言之，儿童现在可以客观地评估对方的需求，同时把自己放在对方的位置上，以便找出引起痛苦的真正原因。

在童年后期（10—12岁），儿童的同理心能力会得到进一步发展。对于生活在不幸中的人们，会出现一种新的同理心取向。现在，儿童的关注范围不再局限于他们能直接观察到的特定的人的感受，而是将人们在一些时候无法回避的普遍状况也囊括进来。他们开始同情那些饱受苦难人们（如穷人、残疾人、被社会遗弃的人）的普遍困境。这种新的敏感性可能导致儿童做出慈善和利他的行为。几年后，它可能会给青少年正在形成的社会观和认识观添加一些人道主义成分。

诺玛·费什巴赫和西摩·费什巴赫是加州大学洛杉矶分校的研究人员，他们设计了评估儿童同理心反应的方法[1]。他们区分了同理心的认知成分和情感成分，并为二者分别设计了相应的评估程序。认知评估方法要求孩子将易于造成某种情绪事件的图片与有相应情感反应的面孔匹配起来。例如，其中一张图片里是一个孩子坐

---

[1] Feshbach, N, *Sex differences in empathy and social behavior in children* In N. Eisenberg（ED.）*The Development of Prosocial Behavior.* New York：Academic Press，1983.

在生病的祖父的床边，但这个孩子的面孔被遮住了。测试者的任务是从一组图片中挑选出一张悲伤的脸。

评估情感同理心的方法，是记录孩子对视频短片的情感反应。研究人员首先安排孩子们观看一个孩子表演人类的各种基本情感，如骄傲、快乐、愤怒、恐惧或悲伤，随后要求观看者汇报自己观看这些短片时的反应。最后他们把孩子们汇报的情绪（尤其是与儿童表演者情绪接近的程度）和孩子们体验这种情绪的强烈程度都记录下来。

这样的程序，以及类似的其他程序，被应用到了童年早期至中期阶段的研究中来。研究人员发现，一般来说，同理心能力较强的孩子比同理心能力较弱的孩子较少参与攻击性行为。还有确凿证据表明，儿童的同理心能力与他们做出诸如帮助和分享这类亲社会行为的倾向有关[1]。

在年龄较大的儿童和青少年当中，同理心功能障碍可能为严重的反社会行为创造条件。被判暴力犯罪的年轻人往往表示他们对受害者的痛苦缺乏同情。这种同理心的缺乏可能表现为几种形式，但无论哪种形式都会助长暴力行为或为其提供借口。例如，这些年轻

---

[1] Eisenberg, N., and Miller, P. A. 1987, *The relation of empathy to prosocial and related behavior. Psychological Bulletin.*

罪犯也许会盯住受害者所犯的某种真实的或想象中的过失。这种"过失"为他们实施暴力行为提供了一个理由，因为它使这些年轻罪犯"关闭"对受害者的感情。一位犯罪学家引用一位17岁的入室抢劫惯犯说的话："如果我开始为受害者感到难过，我会对自己说，'他活该落此下场。谁让他不把房门锁好，打开报警器呢。'"①

也许最令人不寒而栗的是对自己伤害的人毫无感情的年轻罪犯的陈述。我记得《纽约时报》曾采访过一名13岁的少年，他被指控恶意抢劫了多位老年人，其中有一位完全失明的妇女。男孩只是对自己被抓表示遗憾，并且说，盲人妇女是他选择的受害人，因为她至少无法提供法律认定。当被问及他给这个不幸的女人造成的持久痛苦时，男孩对这个问题感到吃惊，回答说："我怎么知道？我又不是她。"

即使是冷酷无情的罪犯，偶尔也会闪现一丝同情。问题是，这种感觉只是偶尔出现；即使出现，可能也以不恰当的方式呈现。一位研究过这一问题的心理学家写道："大多数罪犯都有同理心，但它不容易被激发，并且往往要么表现为一种孤立的冲动，要么表现为一种伤感的情绪。"不管哪种情况，同理心都是清浅而不稳定的；

---

① Samenow, S. E. *Inside the Criminal Mind*. New York: Random House, 1984.

在它出现时,很容易受到以自我为中心的动机或攻击性冲动的抑制。"曾犯下谋杀和强奸等暴力行为的罪犯说,虽然他们对受害者毫无怜悯之心,但有时会被社会上穷人的困境所触动。一名暴力罪犯甚至说,有时候他会因为在圣诞节要砍倒树而感到难过。这种偶尔出现的同理心不足以支持亲社会的生活;但可能表明了一种被深深埋藏的同理心能力,不管这种能力是多么的不足或不成熟。

因此,我们可以得出这样的结论:每个人都有同理心反应能力;但很显然,一些人比另一些人拥有更卓越的持久性。就像同理心能力本身一样,同理心反应的个体差异在生命很早期就表现出来了。1岁和2岁的儿童对他人的痛苦有不同的反应。此外,至少在童年早期,儿童个体之间的这些差异都是一直存在的。

在一项研究中,一些学步期的孩子以一种典型的同理心方式对他人的痛苦做出反应,表现出同情心,并试图提供直接帮助(尽管有时是无效的)[①]。然而,其他学步期的孩子的反应更多的是好奇而非同情。他们观察并发问,表现出对事件的兴趣,而不是对他人的感受表现出强烈的关心。然而,当这些孩子选择帮助对方时,他们

[①] E. Staub, D. Bar‐Tal, J. Karylowski, and J. Reykowski (Eds.) *Development and Maintainance of Prosocial Behavior: Interpersonal Perspectives on Positive Behavior.* New York: Plenum, 1984.

做得和那些更易动感情的同龄孩子同样好。其余的孩子则完全相反。有些孩子对他人的痛苦完全不感兴趣，一看到有任何不适或痛苦的迹象就退缩。还有一些孩子甚至在看到别人痛苦时变得具有攻击性。他们责骂甚至殴打诉说痛苦的受害者。

儿童在如何表现同理心、甚至是否具有同理心方面的这种早期差异，肯定会影响他们接纳道德信念和行为的难易程度。这种差异还引出了先天和后天的问题：一些婴儿天生就比其他婴儿更容易产生同理心和道德行为吗？或者是某些类型的早期体验产生了上述的差异？是遗传还是环境因素导致一些儿童对他人的情感表现出更多、更温暖或更持久的关怀？

就像所有关于先天和后天的问题一样，"非此即彼"的选择永远不能提供一个充分答案，而且事实上还偏离了问题的核心。当然，每个孩子的同理心能力都与个体因素和经验因素有关。这些因素在儿童的个性发展中往往是密不可分的，不能被孤立看待，即使是出于分析的目的。

通过将同卵双胞胎和异卵双胞胎进行比较，研究人员得出了关于同理心基因基础的有力论断①。这些研究人员报告说，同卵双胞胎之间在同理心能力方面的相似程度超过了异卵双胞胎。因此，他们得出的结论是，遗传成分肯定发挥了一定作用，因为这两种双胞胎的养育环境通常都是相同的。但这些研究人员评估儿童同理心能力的唯一方法是通过儿童的自我描述，而这种描述方式当然是由出生后的多种社会影响塑造的。对同卵双胞胎来说，一种显著的社会影响是，自从出生时起父母就以特别的方式对待他们、照看他们、给他们穿衣打扮以及和他们交流（更不用说他们相互交往所形成的特殊社会动态）。这些社会因素会影响孩子们对自己的看法和描述。因此，即使对于旨在证明同理心基因基础的研究，我们也看到了社会力量的相互作用。不用说，有大量的研究更直接（也更刻意地）地反映了父母反应和其他社会因素在儿童同理心素质形成方面所起的作用。

还有比"遗传或环境"这样非此即彼更有实际意义的问题。出于理解和提高儿童道德水平的目的，一个更有实际意义的问题是：鉴于儿童目前的同理心能力，促进或阻碍这些能力进一步发展的条

---

① Mathews, K. A., Batson, C. D., Horn, J. and Rosenman, R. H. (1981) "Principles in his nature which interest him in the fortune of others…" The heritability of emphatic concern for others. *Journal of personality*.

件是什么？

解决这个问题最直接的方法是尝试设计一些提高儿童同理心的措施。很有可能，这样的尝试也会带来一些社会问题的实际解决方案，如道德冷漠和青少年犯罪。在一次这样的尝试中，费什巴赫为小学生设计了同理心培训项目。这是一个为期十周的课程，在此期间，儿童每周三次跟着同理心"教练"进行角色扮演和情感识别练习。在这个项目的前几次实验中，费什巴赫发现，参加这个项目的儿童在训练过程中表现出更多的亲社会活动。然而，目前还不清楚这种训练效果能持续多久。这些孩子的攻击性倾向也有所下降，尽管不太明显。

通过小组讨论来增强青少年犯罪者的同理心动机的创新方法已经取得了更加明确和显著的效果。在这种方法中，在同龄人和成年人给予反馈的环境中，实验对象讨论自己的愤怒和道德冷漠的反社会情绪。真实的问题事件由小组进行重现并分析。这些陈述本身就充满情感，而且往往让参与者感到像在经历真正的社会冲突。心理治疗师的目的是创造一种环境，使青少年犯罪者无可回避地面对自己行为对他人造成的情感后果，以此学会为自己的行为承担道德责任。吉布斯对其中一个项目做了如下描述：

在约奇逊的项目中，罪犯对他人的伤害这一主题一直沉重地压在人们心头……勒罗伊（一个参与者）有了很多顿悟，对他所造成的伤害深感厌恶……除了身体上的痛苦和经济上的损失，伤害还会带来情感伤痛、犯罪后产生的恐惧心理以及对生活的破坏。一个小的暴力行为却有着深远的影响。

这些方法之所以有效，是因为它们为参与者留下了情感和认知上的宝贵财富。在上面的例子中，心理治疗师的目的是让那些青少年犯罪者对不道德行为产生厌恶。

小组讨论引发的道德厌恶感其实是内疚感——道德组成的一个部分，它是在人们首先意识到自己行为为何是错误的之后产生的。这种意识的核心是认识到自己对别人造成了伤害，以及伴随而来的对受害者痛苦的情感上和认识上的同理心反应。由一位受过同龄人对话方法训练的负责人主导，这种形式的青少年小组讨论已被证明是目前为数不多的可以帮助问题青少年发展人际意识和同理心的有效方法之一。

道德当然会受到个体之外约束力量的催化，以及受到积极的、想减轻他人痛苦的同理心的驱动。毫无疑问，这些外部力量的最早期形式是亲子关系。但人类道德的显著之处在于，人类倾向于在自身内部建立起最有效的约束。这些内在的力量表现为一种强烈的，往往势不可挡的克制力。因为不需要直接外部监督，因此它能有效地阻止不道德行为。一个人不需要被抓"现行"，才体会到强烈的羞耻感和内疚感。

羞耻感是一种尴尬的感觉，当一个人没有按照自己认同的行为标准行事时就会体会到这种感受。一些人认为，羞耻感的产生源于早期父母在诸如"如厕训练"等充满情感问题上的表现。无论有意还是无意，父母经常在指导孩子使用便盆的过程中羞辱他们。孩子们感受到父母对自己排便"错误"的厌恶和失望。他们对这种事件的反应是尴尬。这为第一次体验羞耻感提供了时机。

尽管羞耻感的根源在于儿童在父母面前感到羞愧的事件，但到了童年中期，羞耻感与这种实际的遭遇就没有直接关系了。他人对儿童行为的观察或发现也不再是儿童羞耻感的重要组成部分。与之相反，每当没有实现他们内在的理想时，儿童就会感到羞耻。一个8岁的孩子在大笑时尿湿了裤子，即使他设法向父母和伙伴们隐瞒了这件事，也仍会感到尴尬和羞愧。

然而，总的来说，羞耻感在某种程度上始终是以外部因素为导向的。即使不用因担心被发现而感到羞耻，羞耻感仍然在情感上与这样一种感觉联系在一起：在别人眼中，自己的行为是可鄙的。在这方面羞耻感与内疚感不同，内疚感更多地依赖于一个人自己的评价，而不是依赖于他人真实或想象中的评价。

在童年时期，内疚感比羞耻感出现较晚，并且被认为是这两种具有道德约束力的情感中更为自主和有效的一种。佛洛伊德和他的追随者们是最早研究内疚感的发展起源的人。在精神分析理论中，内疚感是儿童俄狄浦斯情结持久影响的结果。这个问题从精神分析角度看有不同解读，最为普遍的解释版本是：儿童天生对异性父（母）怀有爱恋，对同性父（母）怀有敌意。在童年早期，他们就意识到这种感觉是反社会的，并因而被禁止。因此，他们开始担心，如果表达了这种情感，可能会导致失去父母的爱。因此，儿童意识到必须压制这种情感。

为了成功压制这些危险的情感，儿童必须发展一种控制反社会情绪的内在手段。自然而然的解决办法是认同父母（他们已是孩子爱的对象），并在这个过程中承担起父母道德约束监护人的角色。这意味着儿童会采用父母的标准（这些标准相应地反映了社会标准），同时获得父母对违反标准行为实施惩罚的能力。当这种能力从父母转移到儿童身上（也就是"内化"）时，儿童就会产生内疚感。这样，儿童就获得了强大的内在良知的"执法者"。

当代研究人员发现了修改关于内疚感发展的心理分析解读的几

个理由。一方面，研究发现，儿童对失去父母之爱的担心与获得内在道德价值观之间几乎没有关联。另一方面，作为一种通过体验获得的感受，内疚感与亲子认同的强度没有体验上的关联。再者，孩子们是否有能力在五六岁时一下子接受完整、复杂的父母价值观体系，这也令人怀疑。更准确地说，道德发展是一个渐进的过程，需要不断地补充、修改、更正儿童的价值观和行为标准。

关于羞耻感和内疚感的心理分析方法，还有一个更为基本的问题。弗洛伊德描述道，这些道德情感是儿童内心世界的健康附加品，或仅仅是为他们将来的神经质埋下了种子？从弗洛伊德的著作开始，在精神分析的传统中，对这个问题始终存在一种令人惊讶的矛盾性。这两种道德情感都被认为具有抑制个人破坏性利己主义冲动的必要社会功能，但它们却要付出牺牲个人快乐的可怕代价。弗洛伊德认为这是蕴含在文明社会中的部分契约。我们为保护集体生活放弃自己的本能戒备，因此背上了会反复出现冲突和不满的终生负担。在以健康的方式适应生活的过程中，冲突被最小化，社会化带来的益处也超出了心理不满所必须付出的代价。

由于这种对羞耻感和内疚感带来的不愉快心理后果的强调，心理分析学家通常致力于减少这些情绪对个人心理状态的影响。例如，埃里克·埃里克森的理论将羞耻与自主性的发展对立起来，将内疚感与主动性的发展对立起来。埃里克森认为,学步期的孩子必须获得一种自我控制感,然后才能"自己站起来",积极地接受生命中的下一个挑战。最早出现在学步期阶段的羞耻感和怀疑,是自我控制的天敌,并威胁着幼儿日益成长的自由意志。类似地,几年后,内疚感对学龄前儿童逐渐出现的主动性构成了最大的威胁。它可以抑制儿童对自己成就的自豪感,以及面对新发现的身体和精神力量时的兴奋情绪。

然而,没有必要把羞耻感和内疚感看作是一种会阻碍个人发展并减少个人幸福感的神经质焦虑。事实上,许多当代心理学家都认为,这样的立场将自律与人类最有效的道德执法者——强大的约束性情感——置于一种奇特的对立状态。20世纪50年代,唐纳德·米勒和库伊·斯旺森发现了一种摆脱这种对立局面的方法[1]。米勒和斯旺森研究了小学生在讲故事和描述图画时表达的内疚感,与精神分析理论的预言相反,他们发现了不是一种,而是三种形式的内疚感。在这三种内疚感中,有两种带有弗洛伊德式的冲突和约束性焦虑感;但第三种形式带有自我批评的适应取向,服务于自我与他人的最佳关系。米勒和斯旺森的结论是,这种人际交往形式的内疚

---

[1] Miller, D., and Swanson, G. *Inner Conflict and Defense*. New York: Holt, Rinehart, and Winston, 1960.

感通常出现在成年人身上。

如果人际交往式内疚感确实不同于弗洛伊德和其他精神分析学家在他们的临床病人身上观察到的神经质类别，我们必须超越俄狄浦斯情结的冲突来寻找其根源。生命早期的一次动荡事件，无论多么戏剧化，似乎都不太可能导致这两种形式的内疚感。带有病态色彩的情感不太可能与具有良好适应力的社会取向有着共同根源。此外，最为成熟的人际交往式内疚感所需的心理发展水平，也远远超出了有俄狄浦斯情结的年龄。

人际交往式内疚感在整个发展过程中与同理心密切相关。和同理心一样，人际交往式内疚感是一种由他人的痛苦引起的不安。当一个人感觉到自己以某种方式造成了另一个人的痛苦时，同理心引起的不安就会转化为内疚感。更间接形式的内疚感也可能因没有阻止让他人痛苦事件的发生，或因没有尽力减轻他人的痛苦而产生。

因此，同理心是产生人际交往式内疚感的先决条件，而这两者都源自儿童最初对他人痛苦的感知。然而，内疚感还需要有一些个人责任给出的提示。在童年时期，这通常表现为对痛苦事件因果关系的自我归因。因为因果关系是一个在生命早期理解起来比较困难的概念，内疚感的发展部分地依赖于儿童认知水平的发展。

婴儿第一次经历内疚大约发生在快满1岁时，这时婴儿已经能完全意识到他人是独立于自己之外的个体。然后婴儿开始观察别人的痛苦,并感受这种痛苦。许多这样的反应最终发展为同理心。但有时候婴儿可能错误地认为他们是造成这种痛苦的原因。这是因为婴儿把因果关系与事件发生的连续性混淆了:也就是说,他们不能把真正的因果序列(一个孩子推了另一个孩子,然后那个孩子哭了)与简单地发生在同一时间的事件(孩子拿起一个玩具,母亲打了个喷嚏)进行明显区分。在卡洛琳·扎恩·沃克斯的研究中,他们观察到,学步期的孩子在没有做错任何事的情况下,会向伤心的母亲和兄弟姐妹道歉。

到了满 2 岁时,儿童对因果关系的认知能力提高,这导致他们的内疚感和同理心的区别变得更加明显。自责感主要是源于给他人造成伤害的自我行为。因此,当一个孩子打了别的孩子,弄坏了别的孩子的玩具,或使父母明显变悲伤时,这个孩子可能会感到内疚。马丁·霍夫曼在研究报告里称,他观察到 2 岁和 3 岁的孩子在这种情况下看起来很悲伤,并试图通过安慰他人来弥补伤害。

内疚反应的其他几次发展发生在从童年早期到青少年晚期之间。当儿童意识到别人内心的独特感情时——大约在 3 岁左右——他们就会因为伤害了这些感情(而不仅仅是伤害了别人的身体或弄坏物品)而感到内疚。后来,当儿童对他人跨越时间的持续身份有更多了解时，他们就会对自己行为可能给他人造成的未来影响感到内疚。例如，一个青春期女孩可能会担心由于自己的冷淡，给男孩的自尊造成了持久的伤害。

最后，有一种情况叫作"存在主义内疚感"，是一种发展较迟的内疚感，可能会影响到具有强烈社会良知的人。生活幸福的人常常会对自己的幸福和他人的不幸之间的差距感到内疚。其中一个例子就是"幸存者的内疚感"，据说那些在大屠杀之类的灾难中安然生还的人就可能产生这种内疚感。存在主义内疚感可能反映，也可能不会反映一个人对自己不作为的罪责感，取决于在那种不幸的情况下是否有采取任何实际行动的可能。但不管是哪种情况，它都能提供一种持续的动力，促使人们为生活中的不幸者做出有益的社会行为——如果不能得到有效地释放，存在主义内疚感也可能成为持续而消极的苦恼根源。

尽管羞耻感和内疚感的情感基调与同理心的完全不同，但它们对儿童道德的影响却大同小异。和同理心一样，羞耻感和内疚感也根植于婴儿最早期的行为。它们源自婴儿自然的情感过程：它们不是"无中生有"，也不是被外部社会力量强加给一个情感空白的孩子。像同理心一样，羞耻感和内疚感（尤其是内疚感）在整个发展过程中会发生巨大变化。它们与儿童的认知成长及其所涉及的内容紧密交织在一起。在道德领域，这意味着儿童对他人的认知——他们的痛苦和快乐，以及他们的社会观点，会增强并转化儿童体验同理心、羞耻感和内疚感的能力。

当代后弗洛伊德主义者对内疚感人际属性的强调，与我们对同理心及其发展的分析一样，对儿童道德也有同样的启示。因为这些情感都是在人际交往环境中体验到的，所以它们在构成上既有社会的成分，又有心理的成分。这就是说，至少在某种程度上，它们的存在源于对彼此所交涉事件的解读。当一个人接受另一个人痛苦的现实时，就会产生同理心反应。当一个人认可伤害另一个人的责任时，就会产生内疚感。如果怀疑对方的感受，就不会有同理心；正如一个人若不接受伤害他人的责任，就不会有内疚感一样。虽然这些情感具有本能的影响，但它们的产生取决于特定的社会解读。

由于这些情感是在社会环境中产生和表现出来的，因此它们非常容易在社会交往中被影响和强化。这对我们开展儿童道德教育具有一定的启示意义。我们在上面已经简单了解过一种小组讨论方法，用来培养问题青少年的同理心和对犯罪的厌恶感。这种方法非常有效，因为它能通过真实的社会体验进入到深层的情感。后面的章节将描述儿童生活中与同伴和成年人的密切关系会通过多种方式对儿童道德的培养产生自然的影响；我们还将探索其他教育方法，以便利用这些关系促使儿童发展更优秀的道德意识。

并非所有的道德情感都与个人或好或坏的行为有关。当我们看到别人的道德行为或不道德行为时，我们同样也可能体会到强烈的情感。就他人的道德行为而言，我们会感到钦佩、敬畏、宽慰或快乐；对于他人的不道德行为，我们会感到轻蔑、恐惧、愤怒、困惑、沮丧或者是一种更常见的持续焦虑状态。

我们有理由相信，即使是很小的孩子，也会对他们没有直接参与的道德事件产生情感反应。这种反应的一个来源是孩子对父母行为的高度关注。孩子们尊重父母的社交能力，自己也努力掌握类似的能力。这种能力的一个重要部分是了解一个人所处社会的规则，并能够相应地规范个人行为。孩子们仍然对许多社会规则一无所知，而且自控力差，无法严格遵守他们所知道的规则。但与此同时，他们也意识到这些道德发展挑战的难度。看到父母达到复杂的标准时，他们会为父母在道德上的成功感到自豪。当看到父母在道德上表现出不足时，孩子们的反应是焦虑和失望。

杰罗姆·卡根对道德标准的情感关注最早可以追溯到 2 岁的时候。他观察到，学步期的孩子看到损坏的玩具会表现出痛苦的反应，甚至会肯求他们的妈妈把玩具修好。卡根认为，这些学步期的孩子是对违反道德标准的行为引发的状况（坏掉的玩具）表现出焦虑。他们似乎认为，玩具娃娃衣服上丢失的纽扣一定是被人撕下来的，脏娃娃脸上的蜡笔记号一定是被淘气鬼画的。（卡根指出，这些孩子不会因为玩具的良性改变而感到不安，比如玩具娃娃衣服上有很多纽扣，或者脸异常干净。）这些学步期的孩子一看到可以推断出违反标准的行为时就表现出焦虑，这是对间接道德事件的早期情感反应。

随着儿童认知视野的开阔，他们对他人道德行为的情感反应的范围也随之扩大。到童年早期，儿童就对游戏小组中玩具和其他资源分配的是否公平有了初步意识。在此后不久，就开始对强制性规范和其他社会礼仪有所感知。童年期结束时，儿童认识到的道德关注范围已囊括了儿童全部社会世界，包括对儿童认识或听说过的人的人际关注以及对家庭和社会生活的体制的关注。

所有这些迅速发展的认知为儿童提供了评估和回应他人道德行为的助力。当观察对象与自己很亲密时——比如父母或兄弟姐妹——儿童对他们做的好事的反应可能是骄傲，对坏事的反应可能是羞耻。当观察对象比较陌生时，孩子可能会对他们做的好事表示敬意，对坏事感到轻蔑或愤怒。不管是哪种情况，情感及其相关的判断都给儿童采取一种道德价值观立场提供了机会。随着时间的推移，特别是当儿童有越来越强的判断意识时，这种立场就会深深扎根于他日益成长的是非意识之中。

总而言之，几种重要的道德情感——同理心、羞耻感和内疚感，以及对他人违反标准的焦虑感——在人生早期就存在，并在整个童年和青少年时期经历持续的发展变化。这些情感为孩子获得道德价值观提供了天然的基础。因此，它们既能引导儿童做出道德行为，又能激励他们密切关注此类事件。这些感受提供了激励儿童开展道德学习的情感动力。

但是道德情感对儿童道德意识的形成所起的作用并不是凭空产生的；它们本身也不足以产生道德反应。它们没有提供道德规范的"实体"——儿童必须理解和遵照执行的实际规则、价值观和行为标准。道德情感与儿童发展的认知和社会性方面密不可分。很明显，道德情感从来不是单独存在的：它的轨迹与儿童道德发展的其他因素紧密相连。从这个角度理解，道德情感可以为我们了解儿童的道德意识提供一个宝贵的切入点，它们在吸引儿童注意力方面是无可比拟的。这样的情感还会对儿童回忆所经历的事件产生明显影响。

早期的道德情感提供了一个现成的情感结构，在此基础上，孩子可以建立一套深刻而持久的道德关注。然而，孩子这样做并非是孤立的，而是在社会经验和建设性的社会指导环境下完成的。帮助儿童改善其早期道德情感的社会指导可以有多种形式：一个由父母、老师和其他成年人提供的有意识的道德教育项目；或者是朋友、兄弟姐妹和其他同伴对自己行为的自发评论。不管是哪种情况，孩子们都能学会根据他人的道德反应来了解和解读自己的道德情感。

儿童分享自己的玩具为童年早期在社会指导环境下体验道德反应提供了一个很好的平台。当孩子们给予和接受物品、回报和帮助时，他们会直接面对别人（和自己）对公平和关怀的期望。当一个孩子被同伴剥夺了公平的份额时，他所感受到的愤怒和任何道德情感一样真实。孩子们公开地（大声地）把这种愤怒传达给彼此，也传达给任何可能在场的成年人。我们将在下一章看到，这种情感和交流之网给儿童提供了一个不可替代的机会，来了解公正的重要性和意义。

第 3 章
CHAPTER3

通过分享学习公正

理解儿童的分享行为首先意味着要知道他们为什么这样做，以及他们在什么时候最有可能这样做或拒绝这样做。这还意味着要了解儿童在成长过程中分享行为的变化，这需要了解儿童在做出分享决定时的理由，以及这些理由如何随着年龄增长而变化，还需要了解影响儿童分享行为的下意识的心理逻辑过程……

再也没有比分享能更好地体现儿童道德的例子了,然而很少有成年人认识到它在发展方面所具有的真正意义。儿童的分享是一种关于"分配公平"的实践,诚然,其规模很小。但是,随着人的发展的神奇演变,小规模的实践有一天会成为意义重大的活动。人类最关心的问题莫过于分配公平。人类历史上很多大的战争,无论是军事上的还是政治上的,都是由那些为了公平分得某种财富而斗争的人们发动的。

世界资源应该如何分配给所有声称拥有这些资源的人?"应得"某个东西是什么意思?我们应该如何平衡那些已经挣到钱的人的权利和那些可能需要更多钱的人的权利?这些都是广义的分配公平问题;而且,尽管经过了几个世纪的哲学和经济辩论,这些问题仍然没有得到一个明确的解决方案(或者从当今世界冲突的数量来看,哪怕是一个勉强令人满意的解决方案都没有)。我们这个时代最富有经验的法律理论家仍然在寻找更可靠的方法来裁决对土地、水、食物、矿产、金钱，以及其他财富错综复杂的权利诉求。

成人生活中分配公平的冲突可能复杂到难以处理的地步，但它们的基本原理与小孩子几乎每天都要面对的问题相似。分享是孩子日常生活中的一种常规做法，从与其他孩子的第一次互动开始——通常是在1岁时。这使得分享与许多道德关注（例如，关注保护人类）不同，后者只有在成长中的儿童获得成熟的社会经验和责任时才会出现。

因为分享具有如此早期且持久的意义，理解它的起源将为我们提供一把打开儿童本性之门的钥匙。理解儿童的分享行为首先意味着要知道他们为什么这样做，以及他们在什么时候（以及在什么情况下）最有可能这样做或拒绝这样做。这还意味着要了解儿童在成长过程中分享行为的变化，这需要了解儿童在做出分享决定时的理由，以及这些理由如何随着年龄增长而变化，还需要了解影响儿童分享行为的下意识的心理逻辑过程。在许多方面，这些都是儿童道德发展的重要问题。

父母鼓励孩子分享，作为对他人友好的一种方式，但这并不是孩子这么做的唯一理由。分享行为常常是参与令人愉快的社交活动的"入场券"。一个拥有玩具的孩子可以通过提出分享玩具来诱使另一个孩子参与进来。玩具可以成为引诱其他孩子参加社交活动的诱饵。虽然这听起来像是一个策略，在被一个孩子运用时显得过于精明或富有心机，事实上，很小的孩子就会自然而然地以这种方式运用物品。观察表明，儿童的第一次同龄人交往几乎总是围绕物品展开的①。在幼年时，婴儿们偶然发现其他婴儿对玩具有共同兴趣，而且与独自玩耍相比，与他人一起玩玩具会更加开心和有趣。这个孩子不用多久就会把这一发现转变为发起同伴游戏的一种积极策略。

此外，分享的仪式本身就能给孩子带来快乐。皮亚杰很早前就指出，儿童早期的玩耍和游戏在很大程度上是基于仪式的②。分享是儿童自主发现并喜欢的童年游戏仪式之一。他们尤其喜欢"轮流"的公平性和可预测性。"轮流"荡秋千提供了一种来回往复的社会性节奏，对孩子们来说，这就像他们在秋千上来回晃动身体的节奏一样有趣。

这并不是说分享对儿童来说总是有趣的。相反，因玩具和物品而起的冲突远远超过了自发分享的次数，至少在生命的头几年里是这样。很多时候，儿童宁愿放弃分享秋千带来的社交乐趣，也要享受待在秋千上带来的身体上的愉悦。儿童不是无私的圣人，也不是

---

① Mueller, E., and Vandell, D. (1978) Infant – infant interaction. In J. Ososfsky (Ed.), *Handbook of Infancy*. New York: Wiley.

② Piaget, J. (1962) *Play, Dreams, and Imitation*. New York: Norton.

天生具有利他主义的行为决定基因,尽管某些社会生物学家大肆宣扬这一点。存在于人类行为中的持续慷慨,只在长期道德发展之后才会出现。在儿童早期,分享行为是无规律、反复无常的,与他人的需求相比,通常与自身的需求联系更紧密。尽管如此,孩子还是会做出这样的行为,而且通常是自愿的,因为它们本身就是孩子的一种乐趣之源。

有时候,儿童分享的原因也可以被称为"真正的利他主义"。我们在上一章中看到,儿童的同理心能力是如何在生命早期出现,并在随后几年里持续发展。同理心为诸如分享这样的利他行为提供了一种强有力的动机。一个孩子看到另一个孩子的痛苦,有时会体会到对方的悲伤,并把玩具让给他玩,以此作为一种安慰的方式。孩子们经常把他们的食物和糖果分给别人,以体验和朋友一起共同享用的快乐。他们也可以在生日或其他重要场合慷慨地相互赠予。

除了父母的劝说和积极的情感激励,儿童还面临着负面的同伴压力。如果孩子表现吝啬和"霸占"全部资源,他就会面临冲突的风险。只要孩子们一起玩耍,就会争抢玩具。如上所述,在学步期的孩子一起玩耍时,争抢玩具是最常遭遇的情形。显然,这样的冲突给儿童提供了一个学习分享的早期实践理由。

理解儿童分享的原因不仅意味着要从外部解释他们的行为,还意味着要理解分享行为对儿童的意义。由于分享对儿童道德具有至关重要的影响，从"内部"看分享行为可以为我们提供一个窗口，让我们了解到儿童迅速发展的道德观。我们要注意的首要问题是：为什么儿童认为分享是重要的？关于公平和资源分配的问题，他们通常知道些什么，又相信什么？

除了这些关于为什么儿童认为他们应该分享的问题之外，还有很多相关的问题，比如他们的公平标准是如何影响实际行为的。在决定如何（以及是否）与他人分享自己的物品时，孩子们考虑了哪些因素？孩子们和伙伴或熟人分享玩具和食物时，会因人而异，因条件而异吗？那么，除了自己的伙伴和物品这个熟悉的圈子之外，他们对世界范围内分配公平的看法如何呢？在分享的倾向上，个体儿童之间是否存在差异？儿童的公平标准会随着年龄的增长而改变吗？如果是这样，这种改变会伴随新的道德行为方式吗？

我们对儿童最早期关于公平概念的理解是通过推断得出的，因为婴儿和学步期的孩子还没掌握语言技能，无法回答关于他们为什么分享的一系列问题。相反，我们必须依靠对儿童社会行为的观察——一种非常间接的方式，来了解他们行为背后的理念。我们从这些观察中得出的普遍结论是，在婴儿期结束时，儿童开始期望在一些情况下出现分享行为。这种期望在孩子们轮流玩玩具时表现得最为明显。当拿到一个物品时,一个 2 岁的孩子通常会主动把它交给另一个孩子(或父母)。当手中没有物品时,这个孩子会等待,并最终要求该轮到自己玩了。

可以通过食物观察到同样的行为,特别是当食物非常诱人,并且可以分配的时候。2 岁儿童会表现出这样的期望:糖果可以分割成几份,冰淇淋甜筒可以轮流舔,饼干可以每人咬一口。如果某个孩子是潜在的接受者,这些期望会导致有针对性的请求;并且(通常,尽管并非总是如此),如果那个孩子有幸成为施与者,这些期待会导致他主动把食物分享给他人。

这并不意味着婴儿和学步期的孩子认为分享是一种道德上的义务,他更多可能是遵照父母或其他成年人的要求。事实上,若没有权威人士在场,小孩子的分享行为并不稳定,本质上有点儿随心所欲。如上所述,在 3 岁之前,儿童之间的大多数"轮流"和"分配"行为都是玩耍性质,纯粹为了取乐。从这一点来看,非常小的孩子似乎把分享看作是社会生活中自愿和无规律的一部分,当然,除非是在场的权威人士要求这么做。其他分享行为可能是模仿性的,完全在模仿成年人和哥哥姐姐。这些情况都不能体现分享行为本身所代表的内在标准或规范。

很小的孩子是否想过分享是一个人该做的事情,是出于内在的道德原因而不是出于游戏和模仿？一个 2 岁或 3 岁的孩子对他人情感的同理心感知，无疑为他做出分享行为提供了一个道德上的动机，并为分享提供了一个道德上的理由。再者，当父母敦促儿童彼此之间相互分享时，他们经常会用孩子玩伴的感受作为一个理由："如果你不分给金妮一些，她会难过"或者"如果你能把你的新玩具给小弟弟玩，想想他会多开心"。这种合理的敦促向孩子们传达了一种善意的文化规范，有助于他们同理心的自然发展。

因此，我们可以得出结论，同理心为孩子提供了分享最为本质的道德责任感。大多数 3 岁之前的早期分享行为都是出于非同理心的原因：出于社交游戏仪式所带来的快乐、对权威人物要求的无条件服从以及纯粹的模仿。但这并不会削弱最初的同理心驱动的行为所具有的重要意义，因为从发展的角度来看，这是朝着不久后会出现的重要的推理与行为系统所迈出的第一步。

大约在 4 岁的时候，自然发展的同理心意识再结合成年人的合理鼓励，使儿童培养出一种坚定的与他们人分享的责任意识。这种责任意识会迫使儿童做出分享行为，即使在他们可能认为这不是获取快乐的最好方式的情况下。这种观念的出现使儿童成为更稳定和持之以恒的分享者，甚至在没有权威人物在场的情况下也是如此。这并不是说 4 岁的儿童是无私的圣人，孩子们现在相信他们应该分享，但并不是说对待他人要像对待自己一样慷慨。他们的行为与他们的信念也不总是相符，尤其当竞争的是他们非常渴望的物品时。但从发展的角度看，关键的问题是，他们现在有一种内在的信念，认为分享是任何社会关系中不可或缺的一部分，而且这是一个关乎是非判断的问题。

到儿童四五岁时，就可以询问他们对分享和公平等道德标准的看法。为了探究幼儿对公平的理解，研究人员使用真实的物体作为他们提问的参照。例如，在20世纪50年代，土耳其心理学家拉斐亚·于格尔·谢明做了一项关于儿童分享的首创性研究，他给孩子们提供坚果，让他们和同伴分享。孩子们被要求解释为什么他们和另一个孩子分享坚果。其他效仿于格尔·谢明方法的研究人员还使用扑克筹码、玩具、糖果和硬币来实现相似的目的。

除了这些问题和道具之外，研究人员还运用从自然观察到实验室实验等各种方法来研究儿童利他行为的原因。南希·艾森伯格和她的同事记录了学龄前儿童自发的分享和帮助行为。然后，他们让孩子们说出自己在"现实"中做出这些利他行为的原因。

在另一种方法中，丹尼尔·巴尔·塔尔和他的同事人为地激发了同样类型的行为。在这个实验中，孩子们有机会和一个没有赢得糖果的孩子分享自己赢得的糖果。巴塔尔设置了实验条件，让第一个孩子（a）单独和第二个孩子在一起；（b）一个成年人告诉他一些孩子会分享他们的战利品；（c）成年人命令他分享；或者（d）提供额外的分享奖励。巴尔·塔尔记录了孩子们在每一个情况下的分享决定，然后要求所有的孩子给出他们这样做的理由。

实际上，上面提到的所有方法都发现，4岁儿童已经拥有积极的、蓬勃发展的公平观念。大多数这个年龄的儿童已经牢牢内化接受了分享的标准。他们知道自己有义务在一些时候与他人至少分享部分自己的拥有物。这并不意味着他们会始终如此（任何父母都可以证明这一点），而是他们相信这是他们在很多场合下应该做的事情。

孩子持有这些信念，他们自己的理由是什么？学龄前儿童给出了许多关于分享准则的理由。第一个也是最常见的是同理心，孩子们现在的同理心比小时候表现得更稳定。一个4岁的孩子往往会说，他分享是因为"这会让小伙伴开心"或者因为"如果我不这么做，我的朋友就会难过，就想哭"。这类理由直接源自儿童发展良好的同理心反应能力，间接源自父母要求儿童进行分享时给予他们的理由。

4岁儿童给出的一些分享理由则不那么"无私"。他们说，他们通常会出于务实的考虑，促使他们与他人分享。其中之一是他们渴望避免惩罚和得到奖励。一个4岁的孩子可能会说她分享是因为不分享的后果是不愉快的。成年人可能不同意，或者玩伴可能会生气。相反，慷慨有时会带来回报：一次分享行为可能会带来父母的奖励，也可能得到同伴的回报。学龄前儿童意识到这些务实的可能性，并将其作为与朋友分享的一个很好理由。

以成人的标准来看，许多学龄前儿童对公平的看法可能不那么高尚。这些观念通常都是出于利己的考虑，与他人的利益相比他们更多考虑的是自己。其中一种观念是，当我想分享时，分享就是正确的——这说的是当这样做很有趣时，或者当我和我特别喜欢的人在一起时。否则就没有必要了。与此相关的是这样一种观念，即，在与自己所认同的人之间，公平是可以接受的，但不需扩展到自己所选择归属的圈子之外。学龄前儿童有时会以一种可预见的方式来划定性别群体界限：男孩公然偏袒男孩，女孩同样偏袒女孩。

儿童对上面所引用的这类故事和问题的反应说明了学龄前儿童关于公平的多面性理念。有时这些理念似乎异常清晰，有时它们似乎又是矛盾和利己的。看看下面这三个例子，在一项任务中，孩子们被问及是否愿意与一个假想中的朋友分享扑克筹码。这些例子中的孩子都是4岁：

1. （这个孩子给朋友5个筹码，自己留4个。）

问:"你为什么要分给你的朋友一些?"

答:"因为我喜欢她。"

问:"如果你自己留着呢?"

答:"她会哭着回家,就没人陪我玩了。"

2. (这个孩子给自己3个,给朋友3个,留出3个。)

问:"你为什么分给你的朋友一些?"

答:"因为我喜欢分享我的东西。"

问:"为什么呢?"

答:"因为如果我想让他和我一起玩,我就得把我的给他一些。"

问:"如果你把这些都留给自己呢?"

答:"他可能会对我说,'你真坏,从来不给我任何东西,我为什么要给你呢?'"

3. (她自己留下了7个筹码,包括所有蓝色筹码,给了她的朋友珍妮两个白色筹码。)

问:"你会把所有蓝色筹码留给自己吗?"

答:"是的,因为我喜欢蓝色。然后我会和他们一起玩。"

问:"假设珍妮说她也喜欢蓝色。你会给她一些蓝色的吗?"

答:"不会,因为我有一条蓝色裙子。"

问:"所以你不会给她任何蓝色的。这样做公平吗?"

答:"啊呀,我懂了。我会给她两个白色的——我给她那些是因为她比我小,因为我是4岁,所以我得到4个。"

我们可以从这三个例子中看到儿童关注的范围——从关心到算计——这是儿童早期理解分享和公平的特点。第一个孩子意识到拒绝分享会给朋友带来痛苦。她还知道这样的痛苦会对她玩耍时的乐趣产生负面影响。在她看来,这种同理心和实用主义的结合解释了她的慷慨行为。

第二个孩子分享做法的理由也是出于务实的考虑。他理解社会交往的互惠性,并据此解释他的分享决定。对这个孩子来说,分享的意义在于人们倾向于以同样的方式对待自己。这还不是真正的"金规则"[①],但肯定是理解"金规则"的前兆。男孩对分享(和不

---

① 所谓金规则,是指在人际伦理中,对待他人的总原则在伦理体系中的表现,即各种文化的伦理体系中,都有至少一个在理论上无懈可击、在实践上历久弥新、能够一以贯之地概括表达伦理体系总精神的一条道德原则,通常人们把这类"绝对无疑的"道德黄金律叫作金规则(the golden rule),又叫金律。——译者注

分享）行为互惠后果的评估是精明而现实的。

第三个孩子知道分享是重要的，但却不愿意把最有价值的东西让与他人。她编织了一张错综复杂的以自我为中心的理由之网来支持她的选择。但是这些理由也包括一些看似客观的因素（她的拥有物、她的年龄——换句话说，存在于现实中的标准会超出主体内心的愿望）。她觉得必须提供至少看起来客观的理由，这一事实表明，这个小女孩已经牢牢内化了分享标准。她把对公平的考虑趋向于自己的目的，但她并没有完全忽视这些标准。如果她的行为是自我的，至少她的理由开始被一种公平分配物品的责任感所引导。

上面提到的三个孩子证明了儿童在学龄前结束时在理解公平方面所取得的进步。首先，也是最重要的一点是，他们通常认为分享是一种责任行为。此外，他们也意识到一些证明这项责任合理性的道德动机。在这个年龄被唤起的主要道德动机是同理心，但也会涉及其他道德动机，在之后会得到更充分的发展。

例如，正像上文提到的第二个孩子表明的那样，学龄前儿童能够把一种初步形式的"礼尚往来"作为分享的理由；另外，第三个孩子的例子表明，学龄前儿童有时试图引用客观标准作为他们决定公平分配的依据。归根结底，这些理由并不是真正客观的，而是明显源自学龄前儿童的愿望，正如他们理解"礼尚往来"并不构成一种道德责任，而是一种满足个人愿望的务实方式。然而，尽管存在不足，这些早期的公正观念为之后几年内取得长足进步奠定了直接的基础。

从小学开始，儿童开始有规律地表现真正客观的公平观念。这些更为深入的观念包括公正的几个基本范畴，它们在人类历史中一直都被用来分配物品和解决冲突。这些古老的范畴包括平等、奖优以及仁慈原则。

平等的核心理念是确保每个人都被平等对待。当然，有许多周密而复杂的方式可以做到这一点，例如平等的机会、反歧视行动、平等的权利等等；但对一个孩子来说，平等意味着分配行为完全一致。另一方面，奖优意味着对努力、优秀成绩或其他值得称赞的活动给予额外奖励。仁慈意味着对劣势群体（如穷人或残疾人）给予特别关怀。通过这些原则，儿童建立起客观标准，以此决定怎样做才算公平。

在大多数小学生中，平等是这些原则中最常被用到的。经常听到6岁的孩子用"公平"这个词来表达"平等"或"相同"。虽然低年级的孩子有时会有"平等机会"的意识（比如给每个人赢得比赛的公平机会），但更普遍的情况是，他们只关心平等的份额。如上所述，通过不平等对待来实现"补偿"的概念（比如给那些落后的人额外的鼓励,以此作为一种争取平等机会的表示)在这个年龄还不常见。

在开始从平等的角度思考公平后不久,基于优秀表现或仁慈的考虑对儿童而言就会变得明显起来。社会学家把这些关于优秀表现和仁慈的考虑称为"公平原则"。在这种考虑中,平等意味着对"应得"的人给予特殊对待。当然,决定谁应获得公平是一个主观的过程,因为有很多要求公平的理由。在美国文化中,表现优秀可能是最常见的理由。另一个常见的理由是劣势;与此相关的是,过去遗留下来需要纠正的不公。其他因素包括投入的多少、亲属关系,以及继承权。在每一个遗嘱认定案件和几乎每场政治辩论中,这些诉求都会彼此竞争。

研究表明,儿童在完全理解平等对公平的重要性以后,会在一两年内对公平有全面的理解。到小学中后期,孩子们在解决公平问题时可以考虑到很多因素。他们可以考虑努力、贫困、天赋(或缺乏天赋)、投入和简单的平等,他们能够权衡这些因素,以便做出决定。在这段时期结束时,儿童甚至可以同时应付几个相互矛盾的诉求,设计出折衷的解决方案,让每个诉求都得到一定程度的认可。

对于小学生,研究人员使用"故事问题"方法来探究儿童关于分享和公平的理解。孩子们听到一个故事，然后让他们选择如何最好地解决故事中的问题。孩子们的选择，以及他们做出选择的原因，为我们理解他们思考公平提供了很好的说明。下面是一个被广泛用在小学生中间的故事问题。给他们看一张图片，图片上有几个孩子和一位老师，然后告诉他们①：

所有这些男孩和女孩都在同一个班级（向他们展示故事图片）。有一天，老师让他们花了整整一下午的时间画蜡笔画。老师认为这些画太棒了，他们可以拿到学校义卖场上出售。这些画最后都卖出去了，全班同学一起赚了一大笔钱。第二天同学们聚集在一起，商量分钱的方案。

故事讲完后，研究人员抛出一系列问题：

"你认为他们应该怎么处理这笔钱？为什么？

"凯西说班上画得最好的孩子应该分到最多的钱。你认为怎么样？

"有些孩子很懒，其他人忙着画画的时候，他们却无所事事。他们该分到钱吗？

---

① Damon, W. (1977) *The Social World of the Child*. San Francico: Jossey-Bass.

"梅丽莎说女孩们应该多分些钱,丹尼说男孩们应该多分些。你认为怎么样?

"有人说来自贫困家庭的孩子应该多分些。你认为怎么样?

"有人说,老师应该多分些,因为画画是她的主意。她应该多分些吗?

"有人说,每个人都应该分到相同数目的钱,不管是谁,你同意吗?

"你能用这些玩具钞票给我们展示一下最好的分钱方式吗?"

以下6至12岁孩子对一些"公平难题"的回答,表明了学龄儿童思考公平能力的发展水平。第一个孩子只考虑平等。从第二个孩子提出"奖优"方案开始,其他孩子引入了一些关于"公正"的问题。请注意,最后两个孩子使用了越来越复杂的语言技巧。他们权衡、筛选和摒弃种种分配方案,就像法官权衡法庭上的受审者的立场和辩护一样。

1. 问:"你认为有人应该比其他人分到更多钱吗?"

答:"不,因为这不公平。有人分到35美分,有人只分到1美分。这不公平……"

问:"乔治说他认为画得最好的人应该分到最多的钱。你觉得呢?"

答:"画得最好的人这么做不礼貌,因为应该让大家分的钱一样多——无论什么,大家都一样多。都一样,因为如果你给某个人的最多,而他们(其他人)却没有,这是不礼貌的。对其他孩子来说,他们也要得到它,这才是公平的。"

2. 问:"你认为有人应该比其他人分到更多钱吗?"

答:"如果她做的事情多,她就应该分到更多的钱。"

问:"如果她没有做呢?"

答:"如果她什么都不想做,那么她分到的就不应该像别的孩子那么多。"

问:"那么穷孩子怎么办?他一开始就没有钱买画画工具。"

答:"穷孩子也应该做些工作,然后才会分到更多。"

问:"那懒孩子呢?"

答:"如果他没那么努力,如果他没完成他的工作,他就不应该分到那么多钱。"

3. 问:"如果丽贝卡做了更多工作呢?她应该分到更多钱吗?"

答:"噢,大约多给她7美分。这取决于她做了什么——如果她做了,她做的工作是容易还是困难的。"

问:"如果她做了难度大的工作呢?"

答:"大约多给她10美分。"

问:"彼得呢?他可是做得最好啊。"

答:"也许他也应该多得些。但是因为她(丽贝卡)做得更多,所以她做的里面可能有一些好的,这样他也许可以多得5美分。"

问:"比利呢?他本来就没有零花钱。"

答:"他应该仅仅多得大约3美分,因为——如果他分到很多钱,那么他的钱甚至可能比其他人的零花钱加在一起都多。"

问:"别的人呢?他们是不是应该多分些?"

答:"他们不应该多得,因为他们没有像这样充分的理由。"

4. 问:"最合作的孩子应该得到更大的份额吗?"

答:"不应该!因为那样做没什么意义。他们并不是在评比你的态度,也不看你怎样和别人分享。他们不在乎这些,他们只想让人们把工作做好。"

问:"给穷孩子多分些怎么样?"

答:"不行。他们不看谁穷谁富。我们也许会为穷孩子感到有点儿遗憾。但他们并不看重这些。他们只想让做得最好的人得到最多的钱。"

问:"为什么这样呢?"

答:"我刚才说了,这样大家下一次都会争取做得更好。"

从这些例子中,我们可以看到小学生在做出关于公平的决定时是如何权衡平等、优秀表现、需要和其他社会因素的。此外,对他人感受的同理心关怀以及对分配不公可能带来后果的务实性担忧,继续占很大分量,就像在学龄前一样。

在所有已经被认定的影响儿童分享行为的相关因素中,缺少了一个因素,那就是我们成年人可能认为是最具影响力的一个:不得不服从成年权威人物的命令。这个因素的缺少令人惊讶,因为儿童确实普遍感到有义务服从父母和老师的命令。父母和老师总是坚持让孩子分享,这也是事实。而且实际上学龄前儿童或小学生有时可能会说,他和朋友们分享是因为某个权威人物告诉他这样做。但这种情况很少出现。一般来说,服从权威在儿童解释分享和公平行为的理由中只占很小的份额。

尽管权威对分享行为的影响相对较小的说法似乎令人意外,但一项又一项研究证明了这一点。例如，当南希·艾森伯格听取儿童对自己现实生活中亲社会行为的解释时，他们大多提供了和同理心及务实相关的理由来解释他们自发的分享行为①。艾森伯格采访的儿童中没有一个人提到是因为权威的要求。

同样，使用学校"公平难题"进行调查的调查人员几乎没发现儿童的公平决策是基于父母或老师的建议。使用实验方法的研究人员报告的结果始终与此一致②。无论是权威人物的影响，还是对成人社会的规则和期望的顾虑，都不会对儿童做出亲社会行为产生多大影响。即使在他们的抉择过程中这两个因素偶尔会冒出来，但也会被更常见的同理心因素和出于公正的考虑所压倒。

这些发现之所以与我们的直觉相悖，很大程度上是因为我们成年人往往认为孩子的"好"行为是我们对他们言传身教的产物。这种信念表现在我们为孩子的行为和过失承担责任的做法上：例如，典型的情况是，无论是在父母自己还是在他人眼中，父母理应对孩子的品格负责。

父母的建议和督促当然有助于促进儿童掌握分享的道德标准。

---

① Eisenberg–Berg, N. (1979) The development of children's prosocial moral judgment. *Development Psychology*, 15, 128–137.

② Eisenberg, N. (Ed.) (1982) *The Development of Prosocial Behavior*. New York: Wiley.

但是同伴之间的请求、争论、冲突和慷慨行为提供了最直接的动力。父母可以为孩子树立榜样，让孩子带着跟父母学到的东西进入他们自己的圈子。在孩子尝试寻找分享解决方案的过程中，父母可以提出一些在关键时刻发挥重要作用的建议。但是，在孩子和同伴交往时，父母不可能每次都在场。社会生活中公平标准的日常建设必须在儿童的彼此合作中完成。

在儿童每天交换玩具和礼物的过程中，他们相互交流着一个充满期待的世界。他们相互施压，要求公平行事，并在此过程中发明大量新的（通常是独特的）公平解决方案。这些协商促使儿童以越来越成熟的方式思考什么是公平。历经数年和无数次的交往，孩子们对公正的理解加深了。

孩子们通过同伴交流为彼此提供的自然学习机会之所以有效，是因为其中包含了现实生活中的即时性、复杂性和模糊性。看下面我的一个克拉克大学的研究生在伍斯特披萨店记录下的一段小插曲。对我们成年人而言，很难给儿童进行如此生动的关于公平分配的指导。七个穿着曲棍球制服的孩子走进披萨店，点了一大份芝士披萨。当服务生送上披萨时，发生了下面的事情：

服务生：孩子们，这是你们的披萨。(孩子们每人拿了一块。)

孩子A：嘿，一共有8块。多余的那块怎么处理呢？

孩子B：年龄最大的应该得到它。你多大了？

孩子A：9岁。

孩子C：我9岁零3个月。

孩子A：夏天就到我的生日了。再过一两个月我就10岁了。

孩子B问孩子D：你多大了？

孩子D：11岁，下个月我就12岁了。

孩子B：嗯，我已经12岁了，所以多余的一块应该给我。

孩子A：给那个拿了最小块的人怎么样？

孩子D：谁拿了最小块？

孩子A：是我，看！

孩子B：得了，我们把它分成两份吧，年龄最大的孩子得一份，拿了最小块的得一份。

孩子C：我打赌我能说出我们每个人的名字。你是迈克尔，你是路易，你是约翰尼。

孩子B：你是乔伊，你是路易……（说出了所有其他孩子的名字）。

孩子D：（比前面两个孩子更快地说出了其他人的名字）。

孩子E：嘿，我们能在这里喝点水吗？明天谁还去打曲棍球？

孩子C：我，我。（他跳起来，走到披萨托盘边，上面仍放着那块多余的披萨。他开始从上面摘奶酪吃。孩子A和孩子B也围过来，各自取了些，孩子C把剩余的一大部分拿走了。）

孩子F：这里谁的胃口最大？谁最贪吃？

孩子B：我能吃掉七块披萨，但我得给我妈妈留一块。

孩子F：不，不。谁是我们当中吃得最多的？

孩子D：是乔伊（孩子C）。

孩子A：是的，是乔伊。

孩子C：是的，我一人能吃掉两个完整的披萨。

孩子A：两个完整的披萨。

孩子F：是的，你是最大的猪。

类似这种在每个孩子的生活中都很常见的场景，为我们提供了关于公平在解决人类利益冲突中的作用的最好说明。就上述事例而言，群体的存在迫使每个孩子都克制住对自我利益不加掩饰的主张。孩子们最初并不是简单地争夺那块多出的披萨，而是想要寻找一种公平分配的原则。在辩论结束前，该小组讨论了把多余的一块分给年龄最大的孩子和此前取了最小块的孩子——这些想法，并非巧合，是由符合这两个标准的孩子分别提出的。这一事件最终不是通过一个公正的决定，而是通过抢夺来解决的。但即使是这样，我们在群体反馈中也能听到关于公平（或缺失公平）的信息：孩子F扮演着一种希腊合唱队的角色（古代希腊戏剧中有合唱队伴唱，为戏剧提供说明），尖锐地批评了孩子C的贪婪行为。

  因为这些事件并没有伴随成年人慎重的指导信息，因此它们绝不是对道德行为的完全指导。这些事件中包含的许多因素更多地是与自私行为，而不是与公平有关；还有许多其他因素让儿童把这两者混淆起来。在上面的例子中，很明显，许多马基雅维利式策略①在儿童社交冲突中发挥作用；就披萨的最终分配而言，这些策略占了上风。但很明显的是，这会使其他间接的社会回报承受风险，包括其他同伴的看法。最终，成年人的指导可以帮助孩子解决这些错综复杂的问题，为他们阐明公平的真正目的和所带来的回报。但是，就为让儿童明白这些问题的全部重要性而言，任何形式都无法取代儿童在现实生活中与同伴发生的真正冲突。

  通过这样的交往，以及伴随成年人的建议指导，儿童到10岁时会对公平有全面深入的理解。但是这种理解能否有效地转化为行动？孩子们是否只是学会讨论公平有多么重要？或者，他们在生活

---

  ① 马基雅维利式策略，即貌似请求对方给予恩惠，以使对方心理得到满足的策略。

中是否真的与他人分享重要的东西？如果对酬劳存在矛盾的主张，那他们对公平的信念是否会影响他们的实际分配方案？

判断与行为的关联性是道德发展研究的核心问题之一，也是最困难和复杂的问题之一。对于道德观念是否会导致道德行为这一问题，没有简单的答案。例如，我们不可能从一个人的道德观准确预测他在特定情境下的行为。几乎所有基于这种直接预测的社会科学研究都失败了。也许最著名的例子是在第 1 章中描述的哈茨霍恩和梅的开创性尝试。但也有很多其他的例子，结果都令人失望。不管我们对一个人的道德信仰了解多少，我们都无法预测这个人在特定生活环境中的所有行为。

正如哈茨霍恩和梅所解释的那样，这在很大程度上是因为特定的社会环境很可能导致一个人的行为结果，不管这个人的道德信仰为何。例如，大多数人都会在危急关头为了挽救生命而说谎，不管他们对诚实的看法如何。情境有自身的要求，这些要求可能非常强烈，以至于打消了人们道德信念之间的差异。

然而，道德判断确实会对道德行为产生影响。但它不是凭空运作的。它与许多社会背景因素共同发挥作用，这些因素在决定一个人的行为方面也起着一定的作用，尽管不是唯一的作用。

事实上，一个人对道德问题的理解能给我们提供一些重要线索，让我们了解他在现实生活中是如何处理类似问题的。尽管这也许不会让我们知道这个人在所有可能情况下的准确做法，但它会帮助我们对这个人的道德行为倾向做出有依据的猜测。例如，我们可以预测，从长期来看，一个坚信平等分配的人，会比一个坚信根据表现或需要进行分配的人更倾向于平均分配物品。偶尔，一些特殊的情境无疑会使这种预测落空。当我们对这些情境的状况以及它们如何影响人的行为有更多了解以后，我们的预测会变得更加准确。

  因此，儿童做出分享行为的趋向可能与他们理解公平的趋向有关，但这些关联有时会因特定的环境而被减弱。威廉·弗罗明和他的同事报道了这样一个例子。弗罗明调查儿童是否愿意把糖果分给其他没有糖果的孩子。在他的样本中（年龄 6 到 8 岁），大多数儿童都乐于表达这种意愿。但并不是所有儿童都这样做。弗罗明认为，与那些理解力较弱的儿童相比，能理解他人视角的儿童更有可能分享糖果，因为这类儿童具有更强的同理心能力。他确实发现了这一点，但只是在有成年人监督儿童行为的情况下。因此，只有高度的同理心与成年人在场的条件同时具备时，才能确保儿童做出分享行为。在行动被一个外部因素进一步刺激的条件下，理解和行动才会有所关联。

研究人员比较前面"故事问题"中孩子给出的理由与他们在现实生活中的行为，也发现了类似的规律。例如，在学校"公平难题"中，理解并选择基于优秀表现解决方案的孩子，在现实生活模拟的故事情境中，也表现出相同的偏好。但是，只有当他们自己最符合特殊优待的条件时，他们才特别希望这么做——例如，在他们做得最出色时。否则他们更倾向于公平解决方案。在儿童实际的公平尝试中，利己显然是一个负面因素。为了进一步证明自我利益的影响力，研究人员提供了棒棒糖——作为更强大的激励因素，使孩子们设计出有利于他们自己的解决方案。而被给予纸板仿制品的控制组的孩子表现出的慷慨远远超出了分发棒棒糖的孩子。

但这一切不应被理解为利己是唯一的主导因素，而孩子们对公平的理解没有发挥作用。奖优解决方案可能是自利的，但总比那些既不理解平等也不理解奖优的幼儿的解决方案好。小一些孩子常常毫无顾忌地想把最大份给自己，基于以自我为中心的主张，如简单的个人愿望，或者他们称之为"客观的"（但明显是自己确定的）理由，比如他们的身高或性别（例如"因为我个子大，我应该得到所有这些"或"我们两个女孩想要这么多"）。因此，小一些的孩子的决定与他们个人关于公平分配的信念——在很大程度上是自私的——是一致的。

年龄大一些的孩子更倾向于奖优解决方案，而不是公然的"强取豪夺"或使用以自我为导向的"客观"标准（如他们的年龄或性别）。这些奖优解决方案，尽管肯定也带有一定的偏见，但与幼儿的解决方案相比，对他人而言要公平得多。首先，奖优解决方案使儿童的要求变温和了，而不再是无所顾忌地要求得到最大份。其次，年龄大一些的孩子不仅将奖优方案应用于自身，而且也平等应用于其他有类似优秀条件的孩子。因此，他们在公平问题上的立场有了一定的一致性。最后，这些孩子也体贴地分给那些表现不太优秀的孩子一些合理的份额。因此，尽管对公平的理解不能根除自私，但却使它缓和许多，并呈现出逐渐被取代的倾向。

与这一总体结论相一致的是，研究一致表明，随着道德理解能力的发展，儿童表现出更强的彼此分享和合作的倾向。虽然小孩子偶尔会自发地做出亲社会行为，但这种行为相对较少，并且不具有稳定性。它的不稳定性与儿童在学龄前对公平的理解非常一致。随着平等、奖优和仁慈观念在小学时代的出现，儿童的行为将变得更加一致、稳定，实际上也更加公平。

从儿童心理学作为一门学科开始，对这种变化的观察性证据就已经存在。在心理学对自然童年生活的一次调查中，洛伊斯·墨菲观察到，自发的分享行为虽会偶然发生，但在幼儿园时期却远非常态。她指出，事实上小孩子的同伴关系揭示的是反社会行为和亲社会行为的严重失衡。在墨菲关于学龄前儿童的数据中，攻击性和自私行为高于分享、帮助和"善意"的行为，两者的比例是 8 比 1。墨菲的观察是 20 世纪 30 年代在明尼苏达州完成的，但多年之后也并不过时：1981 年，旺达·布朗森在加利福尼亚州进行的一项研究表明，与打架和抢东西相比，幼儿的分享行为在早期也同样匮乏。

随着年龄的增长和道德价值观的发展，孩子们在日常行为中变得越来越慷慨和乐于助人。分享行为成为儿童同伴关系的主要特征，而不只是偶然的行为。随着时间的推移，这种变化，伴随其他变化，增加了儿童同伴关系的稳定性和合作性。

正如我们所看到的，儿童分享行为的出现是对共同社会经历的一种自然反应。任何地方只要有朋友和玩具，孩子们都可以找到社会体验，我们所认定的自然反应也可能是普遍的。具体来说，我们可以指出以下几种儿童分享行为的常见社会和情感根源：

1. 儿童想要通过玩具和其他物品的共同兴趣来接近玩伴的最初倾向。

2. 轮流使用玩具和其他物品的对称节奏所带来的乐趣。

3. 同伴和父母对物品应尽可能公平分配和共享的主张。

4. 儿童对渴望轮流或分享的同伴产生的同理心自然反应，获得成年人理性信息的加强，即，如果不分享，其他孩子就会不开心。

5. 讨好同伴以期"回报"的实用目的。

这些常见的事件引发分享行为，而分享行为反过来又会引发儿童对分配公平和公平的最初关注。因此，虽然道德深深植根于儿童早期的社会和情感生活中，但在这一阶段，道德并非保持一成不变。正如我们所看到的，在整个童年时期，分享和道德总体上获得了快速发展。随着平等、奖优、仁慈和协商等概念的确立，儿童对公平的理解变得越来越深刻。随之而来的是儿童在分享行为上更高的一致性和慷慨性。虽然自私从来不会被根除，它越来越多地被置于关照他人需求和公正主张的角度之下。

因此，儿童的道德既是早期自然倾向的演变，又是发展变化的结果。如果没有发展变化，推动儿童做出道德行为的动机充其量也只是飘忽不定和不可预测的。这就是我反对目前流行的先天论的原因。当然，说没有发展，儿童就会成为没有任何道德素质的一张"白纸"也是错误的，这就是为什么我在儿童道德问题上反对环境论或社会文化论的原因。真相并非如此简单，而是要比这些极端的立场更加包容：正是这一发展过程将儿童最初的亲社会倾向转变为一种充满复杂判断和行为体系的成熟道德视角。

引发如此重大道德转变的"发展过程"到底是什么？如果能给这个问题一个很好的答案，我们就能很好地理解该如何积极有效地促进儿童道德的发展。我们知道，这种发展转变很早就开始了，并贯穿于整个童年时期，依赖于许多重要体验和社会影响。儿童通过与成年人的关系以及与同伴的关系获得这些重要体验和影响；有些是在家庭中获得的，有些是在与朋友和熟人的交往中获得的。在整个过程中，儿童积极地理解这些事件，并以自己的方式对它们做出调整。这样的理解为儿童不断扩展的道德意识提供了一个框架。儿童的体验、社会的影响和自然倾向为把这种道德意识转变为道德品质提供了所需的动力和材料。

第 4 章
CHAPTER4

父母的权威和家庭的规则

父母（或父母的替代者）在孩子的道德发展中起着不可替代的重要作用。由父母首先向孩子介绍社会秩序的规则和逻辑。除了告知孩子家庭内外的约束之外，这还意味着执行这些约束并向孩子传达其社会性的目的……

家庭是一个小的社会系统；就像任何社会系统一样，家庭也有行为标准。在很多情况下，家庭规则与社会规则大体上是相似的，只是它没有写进任何正式的法典而已。家庭就像社会一样，禁止混乱、不诚实、盗窃、暴力和违背伦理的行为。残忍和敌对行为既违反家庭规则，也违反社会规则。在家庭和社会中，这类错误行为都是通过诸如禁止和惩罚等约束手段来阻止的。

对于家庭中的孩子来说，父母是社会规则的主要执行者。显然，父母对孩子有很大的权力，尤其是在孩子年幼的时候：父母较之于孩子，不仅拥有力量、身形和能力的优势，而且孩子还需要从他们这里获得保护和养育。因此，父母在维护家庭规则和对违反规则的暴力行为实施约束方面都处在一个有利的位置。

由于家庭规则常常与社会规则重合，父母的强制执行向孩子们传达了双重的信息：这种行为在家庭中是被禁止的，通常而言也是错误的。这样，孩子对社会规则的第一次接触很可能发生在家庭中。父母命令孩子停止打小妹妹,传递了一种对暴力行为进行约束的信息,孩子很快就意识到,这种约束远远超出了家庭的范围。

因此,父母(或父母的替代者)在孩子的道德发展中起着不可替代的重要作用。由父母首先向孩子介绍社会秩序的规则和逻辑。除了告知孩子家庭内外的约束之外,这还意味着执行这些约束并向孩子传达其社会性的目的。

但是,让孩子们了解社会秩序不仅仅意味着让他们遵守特定的规则,还意味着向他们灌输对社会秩序本身的持久重视。所有的社会系统都有等级制度和规章制度,这些制度对社会系统的运作及其凝聚力而言是必不可少的。如果一个社会系统要运作良好,社会成员就必须了解、尊重这些规则,并始终如一地贯彻执行。角色和责任必须加以分配,社会系统内的成员必须相互配合才能承担他们所分派的职责。这意味着权力必须由一些人承担,由另一些人服从。这些角色可能会随着时间的推移而重新安排。然而,除非爆发革命,否则,至少在一段时间内社会成员必须有某种共同的意愿,去遵守目前社会秩序所规定的角色和规章制度。

父母的权威和由这种权威维护的共同行为准则,对于家庭的社会功能以及孩子日益增长的道德意识来说都是至关重要的。孩子对这种权威的尊重是孩子从与父母的关系中获得的最为重要的道德遗产。(其他遗产——比如对正义和其他道德价值的信念——也很重要，但它们不局限于父母的影响范围)。当孩子日后开始承担完全的公民权利和责任时，孩子对父母权威的尊重为他们文明参与社会秩序确定了方向。

尽管父母拥有惩罚孩子的权力，但强迫绝不是父母让孩子尊重权威或遵守社会规则的唯一手段。大多父母与孩子之间的亲密关系通常都会引发合作倾向。玛丽·安斯沃思和她的同事的研究表明，对父母有安全依恋的儿童最有可能遵守家庭规则。这些孩子积极寻求并接纳成年人的指导。从这个意义上说，有安全感的孩子会从"内部"关系的角度自愿服从，而不是出于强迫或恐惧。

除了惩罚和爱，父母还通过讲道理、说好话和直接"贿赂"等策略引导孩子做出良好行为。举个饮食上而非道德上的例子，许多父母通常会用孩子的甜点作为奖赏，鼓励他们至少象征性地吃几口绿叶蔬菜。家庭内部对道德行为的激励方式与此大同小异——和外面世界的也差不多。

因此，家庭是学习社会规则和服从义务的摇篮。因此，它是儿童早期"社会化"的主要媒介。但并不是所有的家庭都以同样的方式让儿童获得社会化。家庭和家庭之间，在如何对待、抚养孩子，和孩子沟通，以及如何引导他们遵守社会规则方面，存在着很大差异。这种差异解释了儿童之间日后在道德表现方面存在重要差异。

通过与父母和兄弟姐妹的对话、冲突和其他互动,儿童在很小的时候就发现了隐含在家庭生活中的社会规则。朱迪·邓恩和她的同事观察了学步期的孩子对家庭规则的一些初步了解。邓恩的两个例子如下:

1. 宝宝(16个月大)把饼干扔在地板上。

妈妈:"那是什么?饼干在地板上?饼干不应该放在那里。不是吗?"

宝宝看着妈妈点点头。

妈妈:"是的。这些都是什么?"(指着餐桌上的牙刷和牙膏)"谁把它们拿到楼下的?"

宝宝看着妈妈笑了。

妈妈:"是的,是你干的。它们应该放在哪里?"

宝宝:"浴室里。"

2. 一个宝宝(24个月大)看到另一个宝宝在拼图板上画画,他把拼图板拿给妈妈看。

宝宝(对妈妈):"看!"

妈妈:"我们不应该在这上面画画,知道吗?我们只能在纸上画画,不能在拼图板上画画。"

宝宝:"为什么?"

妈妈:"因为它们不是纸。"

宝宝:"淘气。"

妈妈:"是的,这样做很淘气。"

这两个例子展示了父母向孩子教导家庭规则的过程。问题中的两个规则是"把东西放在该放的地方"和"不要在纸张之外的其他地方写画"。在第一个例子中,被观察的孩子是违反规则者,而在第二个例子中,被观察的孩子只是目睹并评判其他孩子违反规则的行为。这两种情况的共同之处在于,两个孩子对不成文的家庭管理规则都是熟悉的。邓恩的观察表明,儿童在两岁期间会进行大量这样的学习。

父母们是如何让孩子们意识到这些未成文的规则的呢?第一个例子揭示出一种方法,这种方法也是在邓恩所观察的家庭中最为常见和有效的一种。"不是简单地陈述规则,这些评论(指出规则)通常以问句的形式出现,就好像妈妈们在期待答案,并为其留出'余地'。"通过这种苏格拉底式的"对话",孩子们首先被引导给出一个规则的例子，然后延伸对这一规则的理解。

从 16 个月大开始，父母就越来越频繁地让儿童参与这样的对话。在适当的情况下，父母还可以用家庭中其他孩子的感受来对某条规则进行解释。例如，父母可能会提到禁止拿别人东西的规则，并解释说，如果在没有事先询问的情况下拿兄弟姐妹的玩具，对方会感到伤心。邓恩认为，这也是帮助儿童理解和接受社会规则的一种非常有效的策略。显然它支持儿童自己的自然移情倾向。在后续研究中，邓恩和彭妮·穆恩发现，表现最为成熟化的儿童（有更多的和解行为，较少戏弄同伴，较少做出禁止行为），其父母最有可能与他交流规则以及兄弟姐妹的感受。

父母并不是家庭中唯一的社会化媒介。兄弟姐妹们经常因为违反规则而互相指责。有时他们这么做是出于对禁止行为的真正失望；其他时候，这只是孩子不断戏弄兄弟姐妹的一部分。在上面的第二个例子中，似乎只要那个孩子学会了当下讨论的那条规则，他就会和母亲一起努力去执行它。整个家庭就是一个网络，在这个网络中，任何成员都可以向其他成员施加压力，要求他们遵守所接纳的家庭规则。

事实上，并不是所有的家庭沟通都能让孩子服从。尤其是当孩子们还小的时候，他们往往会忽视他们不想听到的信息，比如要求他们停止做一件令他愉快但被禁止的事情。然而，他们能很好地调整语言和面部表情，对父母的愤怒做出迅速的回应。到两岁时，他们会积极地观察父母的面部表情和声音来获取情感信号[1]。充满情感的交流最会获得他们的关注。

邓恩指出，她观察到当父母带着强烈的负面情绪传达规则时，儿童对规则的感知最为敏锐。同样，罗伯特·埃姆德的观察性研究表明，在2岁之前，儿童通常会忽视父母的命令，除非父母表达这些命令时带有强烈的情绪暗示。直到很久以后，在儿童将家庭规则内化时，才会出现自愿服从的稳定倾向。即便如此，正如每个父母知道的那样，这种服从也并非完美。

父母的愤怒和厌恶等情绪在向孩子们传达遵守重要规则的紧迫性方面发挥着重要作用。但这并不意味着父母的情绪表现得越强烈，孩子们就越遵守规则。持续不断的、刺耳的愤怒表达很可能适得其反。当这些表达变得司空见惯时，它们就失去了引起注意的效果；它们会造成一种不守规矩的氛围，导致家庭中出现更多的混乱，而不是减少混乱。此外，孩子们很可能在自己的行为中模仿父母的暴怒，这同样不利于家庭的和谐和秩序。要更加有效地吸引孩

---

[1] Ekman, P. (1984) Expression and nature of emotion. In K. R. Scherer and P. Ekman (Eds.) *Approaches to Emotion*. Hillsdale, N. J.: L. Erlbaum Associates.

子们的注意力，一个富有成效的方式是，在孩子做出真正的挑衅行为后表达一种"调整过"的情绪。这种调整过的情绪不仅能传达关于错误行为及其后果的准确信息，而且也在孩子能够承受的情感范围之内，而不至于引起他们的逆反心理。

即使是在西方中产阶级家庭生活中，父母在解释行为标准以及对违规行为的情感反应方面也存在很大差异。若考虑到经济背景、种族和文化的差异，更大差异会出现在这些以及其他养育孩子的实践中。其中的一些差异在很大程度上影响着儿童道德的特性以及本质。它们还为我们提供了关于什么样的社会环境最有利于儿童的道德成长的线索。

一些父母实施的惩罚措施非常严厉，主张出现违禁行为后一定要实施惩罚。另一些人则更倾向于某种说服方式。一些父母经常"设限"，以限制孩子们的行为选择；另一些父母允许孩子们畅所欲言地表达自己的价值观和愿望。这样的差异可能是天壤之别，也可能微不足道。它们也许相互融合，并与其他养育模式相结合，在每个家庭中创造出一种独特的道德话语风格。在一些家庭中，养育孩子的做法总体上是不变的；而在另一些家庭中则呈现变化不定的风格；家庭之间在行为稳定性方面也存在差异，有些父母的行为表现出一种稳定态势，有些则表现出一种多变性和不稳定性。

父母在不同情境下的行为方式也有很大差异。刚失业的父亲可能会比在他感到较少就业压力的时候更加严厉。生病的孩子可能会发现他的错误行为比他健康时得到更大的宽容。此外，同样的父母可能会以不同的方式对待老大和老二；或者对待男孩和女孩、腼腆和好斗的孩子的方式也不尽相同。

很显然，不同的孩子会遇到不同的家庭经验模式。由于道德准则和价值观主要是在家庭环境中教给幼儿，这意味着在如何引导儿童认识这些价值观方面必然存在很大差异。教给他们的价值观的具体构成也有很大差异。对儿童及其所在家庭的研究表明，这些差异会对儿童道德发展的质量和过程产生重要影响。但是，家庭养育风格的道德影响并不总是像我们所预想的那样。这方面的一个典型例子是饱受争议的"父母宽容尺度"问题。

在流行文化中，人们已经就父母在执行行为标准时该宽容还是严厉的话题大做文章了。我们社会目前所有的问题，都可以归咎于我们养育孩子过程中过于宽容或过于严厉，而这取决于我们读的是哪个社论版专栏。事实上，在过去的一个世纪里，在宽容和严厉构成的两极中，任何一方都经历了几次兴衰。在流行风尚的这种转变过程中，媒体——有时不够准确——让约翰·D. 沃森和本杰明·斯波克等育儿专家各代表其中一方。这些辩论通常假定孩子道德品质的基调将由父母宽容度或严厉的尺度决定。

科学研究对这一假设提出了挑战。宽容和严厉可能在父母养育风格的大背景下发挥作用，但它们本身对儿童的道德没有直接的或可预测的影响例如，由斯坦福大学的罗伯特·西尔斯和他的同事们开展的关于这一主题的早期研究发现，父母的相对宽容对孩子性格的攻击倾向没有明显的影响。只有在和一定程度的严厉相结合时，宽容才会产生影响。既宽容又严厉的父母，其孩子的攻击性明显高于只有其中一种做法的父母培养出的孩子，或者两种做法都没有的父母培养出的孩子。这种结合指的是一种通常比较宽容的养育风格，父母很少关注孩子的违规行为，但当这些行为直接影响到他们自身时情况就会不同。在违规行为确实惹恼了父母时，父母会采取严厉的惩罚措施。西尔斯和他的同事以及其他研究人员发现，这种前后不一致、自我放纵的养育方式与孩子的攻击性有关。事实上，大多数研究已经发现，是父母做法的选择性结合，而非单方面的做法，影响了孩子的道德观和行为。我们必须回答的问题是，哪些结合是有益的，哪些是有害的？

20世纪40年代，阿尔弗雷德·鲍德温对家庭生活及其对儿童发展的影响进行了一项经典性研究。鲍德温比较了那些做事"开明"（经常交流家庭规则和决策）的家庭和那些对决定更封闭、更隐秘、更武断的家庭。他还研究了这些父母控制孩子行为的有效程度。他发现，来自充满沟通和但缺乏管束的家庭的孩子往往是冷酷和任性的，而那些来自没有沟通只有管束的家庭的孩子往往缺乏主动性和内在的责任感。只有沟通和管束相结合，才能使儿童形成一种自信而友善的最佳模式。

最近，戴安娜·鲍姆林德报告了类似的发现，只是采用不同的语言表述而已。鲍姆林德的主要分类是"专制型"和"权威型"养育模式。专制型养育模式是父母和孩子之间高度管束和低度沟通的结合。专制的父母在期待孩子社会成熟行为的同时，却不愿给予孩子温暖和教育。而权威型养育模式是高度管束和高度沟通的结合。这种父母既不吝温暖和教育，同时仍然对孩子的成熟怀有坚定和始终如一的期待。这两种模式以各自的方式与宽容型养育模式形成对比，宽容模式是把"低度"管束和偶尔的成熟要求结合起来，同时也包括透明的沟通，以及温暖和教育。

和鲍德温一样，鲍姆林德发现那些能与孩子明确沟通，同时又能对孩子施加管束、要求他们表现成熟的父母（"权威型"父母），他们的孩子往往具有积极的社会责任感。这些孩子"对同龄人友好而不是怀有敌意，对他人的工作乐于提供助力而不是起破坏作用，对成年人主导的活动乐于合作而不是抵触"。

权威型父母之所以培养出有社会责任感的孩子，原因有多种。首先，通过明确地让孩子面对自己行为可能伤害他人的后果，这些父母促进了孩子自然同理心反应能力的发展。其次，他们始终如一地执行自己的命令，从而显示出他们对这些命令的坚定态度。第三，他们下达命令的态度是直接的，诚实的，而不是间接的，或者操纵性的。第四，这些父母向他们的孩子传达了一种需要服从权威的一般准则，让孩子们感觉到，良好的行为（以及做个好孩子）需要遵守合法的权威。第五，这些父母对权威前后一致的使用使他们成为孩子们的富有魅力的行为榜样。

此外，权威型的父母提出的要求具有挑战性，但并非不切实际。他们敦促孩子改善他们的行为，这可能会带来一些压力和一些意志之争；但是，由于权威型父母也善于沟通和反思，他们会根据孩子的能力不断调整自己的要求。这使得他们的要求会让孩子产生适度但并非过度的紧张感，这是促进孩子道德发展的理想动力。

相比之下，专制型父母和宽容型父母都让孩子避开挑战性压力。前者是通过限制孩子的探索机会来做到这一点的，后者是通过不使孩子面对自己行为的不利影响。因此，来自这两种截然不同的家庭背景的孩子在发展自立、自信、自主的社会责任感和承受生活中的起起落落上有着相似的困难。鲍姆林德发现，来自专制型家庭和宽容型家庭的孩子,也有类似的自我控制能力低下和缺乏主动性的现象。这种模式的相似有点儿令人惊讶,因为这两种养育模式似乎完全相反。但事实上这两组父母犯了本质相同的两个错误:其一,他们没能经常始终一致地让孩子面对违反道德的行为;其二,他们过度介入孩子的个人体验。

专制型和宽容型父母犯这些错误的方式完全不同。专制型父母不能以一种稳定的方式对待孩子,因为专制型父母的指令源于他们自己的情绪和心情。这些父母的苛责反映了他们以自我为中心的需求,而不是对孩子行为的客观评估。这样的严厉会导致对孩子生活的肆意干涉。

相反,宽容型父母在观念上或性格上都不喜欢约束。因此,他们避免面对孩子犯的任何错误。然而,他们也以自己的方式干涉孩子。宽容型父母的干涉表现为情感上的过度保护,而不是强迫和惩罚。他们不让孩子经历任何形式的不愉快,哪怕这种不愉快只是孩子的不良行为带来的后果。在很多情况下,宽容型父母也会想方设法阻止老师和其他权威人士强迫孩子面对这样的后果。每当这些父母担心孩子可能遭遇到某种也许比较严厉的经历时,他们就会干涉孩子的师生关系和同龄人关系。虽然这看起来是一种比"专制型"更温和、更有爱心的干涉形式,但它同样对儿童的自我控制力和主动性产生负面影响。

鲍姆林德的研究①表明，父母严格管束的"权威型"模式与及时的反思、明确的沟通和成熟的要求相结合，可以培养儿童的社会责任感（以及儿童的能力）。权威型养育也许并非实现这一目标的唯一方式。事实上，鲍姆林德的研究数据揭示了在一小部分家庭中，父母和孩子之间通过一套完全和谐的关系达到了同样的目的。在这些家庭中，父母很少需要对孩子施加管束，因为孩子能预测父母的指令，并且会自觉地服从。正如来自权威型家庭的孩子一样，这些来自"和谐"家庭的孩子最终会成为既有能力，又富有社会责任感的人。

这种家庭模式在日本等东方国家可能比在西方社会中普遍得多；事实上，在鲍姆林德调查的为数不多的几个"和谐"家庭中，相当一部分是日裔美国人。这表明养育孩子本身受来自文化价值观和实践的影响很大——我们很快就会说到这一点。它还表明，支持儿童道德成长的可行方法不止一种。鲍姆林德自己的结论是，权威型儿童养育对于促进儿童最佳发展是充分条件，但并非是必要条件。在有些家庭中，孩子从一开始就积极地承担起预先考虑父母的

---

① Baumrind, D. (1973) Note: Harmonious parents and their preschool children. *Developmental Psychology*, 4, 99–102.

指令和维持家庭秩序的责任,这样的家庭模式也能有效地促进儿童的最佳发展。

正如在任何交流中一样,当涉及到对儿童价值观的影响时,媒介本身就是信息的重要内容。父母表达和执行行为标准的方式告诉孩子很多关于父母自己的价值观。父母的沟通方式也为孩子在其他社会关系中的表达性行为树立了榜样。与上述家庭模式和养育模式相伴随的,还有孩子父母试图向孩子传达道德价值观的几种不同手段。一些方法已证明比其他方法更能有效地为儿童建立持久的行为标准。

马丁·霍夫曼发现[1],父母向孩子传递价值观的基本方法有三种:权威主张、爱的收回和引导。权威主张是指使用武力或惩罚措施作为确保孩子服从父母标准的主要手段。在权威主张中,父母的命令是通过其强制力来证明其合理性,而不是通过命令可能具有的任何内在价值观来证明:这是一种家庭版的"强权即公理"。爱的收回意味着当孩子偏离标准时,父母会表达不赞同或失望。这可以通过直接的陈述来实现——"你那样做我就不喜欢你了"——或者通过瞪眼睛或生气的表情。引导意味着通过某种形式的管束来确保

---

[1] Moral internalization, parental power, and the nature of parent – child interaction. *Developmental Psychology*.

孩子的顺从,但同时也要让孩子注意到标准背后的原因。对于幼儿来说,这通常包括提供关于不良行为如何对他人产生负面影响的信息。例如,许多父母在阻止孩子推其他孩子时常用的一句引导语是:"如果你一直这样推她,她可能会摔倒并哭。"

研究表明,在短期内,权威主张是阻止孩子做危及自己或他人行为的好方法。如果孩子要跑到街上,或者用锤子打弟弟的头,这可能是必要的,但它不会对孩子的行为和价值观产生永久性的改变。一旦权威主张者离开现场,孩子们往往会重返旧标准。没有持续存在的约束,就不会有持续的服从。

事实上,过于激烈的权威主张可能会降低孩子遵循父母标准的倾向。在一次对比实验中,研究人员温和地劝阻一组儿童玩某种玩具,而另一组儿童则被严厉禁止这么做[1]。后来,孩子们回到实验室,研究人员观察他们靠近那个被禁止的玩具时的反应。受到严厉禁止的那一组孩子往往在他们认为没人注意的时候玩这个玩具,而受到温和劝阻的孩子往往说这个玩具很无聊,不值得玩。因此,严厉的威胁无益于其社会影响的持续。

---

[1] Lepper, M. R., and Green, D. (1975) Turning play into work: Effects of surveillance and extrinsic reward on children's intrinsic motivation. *Journal of Personality and Social Psychology*.

爱的收回会让儿童产生一些持续性的行为变化。实验结果表明，它可以成功地用于教导儿童抑制对他人的敌对冲动。对于那些一贯将爱的收回作为一种约束手段的父母，其孩子往往自控力很强，能尊重他人的权利和财产。但是，尽管这种方法会对儿童的行为产生持久的积极影响，但不会让他们充分发展他们认为完全属于自己的自主道德信念。相反，它让儿童感到为了得到父母认可的需要才不得不遵守父母的标准。即使当父母不在的时候，这种需要也可以继续发挥作用，从而激励儿童保持良好的行为举止。但是这对儿童自身树立根深蒂固的行为标准信念并没有持久的影响力。

只有引导法被发现能促进这种内化的信念。在违反规则时经常获得引导的儿童往往会接纳父母的标准作为自己的标准。这些标准变得具有"自治功能"。也就是说，尽管父母不在——甚至即使父母后来否认了这一标准，它在很久之后仍会发挥作用。例如，如果一个孩子的父母成功地向他灌输了诚实的准则，若日后他的父母声称偷税漏税是可以接受的，那么这个孩子就可能会感到难以接受。该标准现在是独立存在的，完全被孩子接纳，不再受父母的更多影响。

一般来说，成功引导道德信念的最佳条件是：(1) 通过所必需的最小外在强制来控制儿童行为；(2) 通过说服、讨论和推理告知儿童这些标准的依据。

管束仍是需要的，因为仅仅引导而不确保行为的顺从，无法使效果"持久"。孩子们很快就会忘记这一信息，除非他们被迫遵照执行。从理论上来说，在管束之下，孩子们会出于需要而做出得体行为，然后逐渐认识到这种行为所代表的标准。正是父母的严格管束，加上对标准背后依据的灌输，才产生了这种"内化"的信念。但是父母的管束不能太过强硬；否则将会在孩子们的脑海中留下显著的印象，孩子们从这次管教经历中所记得的只有强硬。我们的目标是让孩子们行为得当，经历过这件事之后记住为什么这样做是重要的。对孩子来说，只有当信息的内容比所使用的强制手段更令人难忘时，这一目标才有可能实现。这里的关键是用一种温和的强制形式向孩子们陈述道德上的合理性根据，这样他们记住的主要就是合理性根据了。

"禁止的玩具"实验为我们提供了这一原则的有力证明。马克·莱珀和他的同事们已经证明，这一原则既适用于正面激励，也适用于负面激励。换句话说，通过奖励引导儿童做出标准行为，最好是尽量减弱奖励；同样，通过强制性管束引导他们时，最好尽量降低强制的程度。莱珀让三组儿童玩魔术笔，这是他们平常喜欢的活动。第一组和第二组在完成游戏后，会得到诱人的奖励（一个

"优秀玩家"证书)。第三组什么奖励也不给。几周后,所有的儿童都被带回实验室,如果他们愿意,他们有机会再玩一次魔术笔。只有第三组迫不及待地接受了这个机会。莱珀的结论是,通过向前两组儿童提供"一种非必要、过于显著的外在激励",他降低了这些儿童自主的内在动机。

这些实验结果可能帮助我们更好地理解戴安娜·鲍姆林德所描述的不同养育模式的效果。专制型父母依赖于强制性的管教方式,这些方法太严酷,因此也过于显著。这些父母可能会让他们的孩子在短期内服从,但从长远来看,完全无益于维持他们所期望的标准。另一方面,宽容型父母根本就没有给予孩子哪怕一点点压力或奖励,而这些是改变孩子行为所必须的。因此,最终,这两类父母往往都会看到他们的孩子做出不守规矩的行为。权威型父母将温和的强制手段与讲道理和讨论结合起来。这为孩子内化得当的社会行为标准创造了理想的条件。因此,鲍姆林德认为,那些权威型父母养育的孩子,很可能会在一生中主动地做出对社会负责任的行为。

然而,重要的是,父母不能把温和的强制变成欺骗性的操纵——通过掩盖其根源或存在,例如,告诉孩子他不要打妹妹是因为他爱她,而现实的原因是他的父亲抓起了他,并把他送回了房间。换句话说,父母必须把对孩子的强制做法诚实地体现出来,即使父母可能希望孩子尽快忘掉这段经历。通过歪曲情形来哄骗孩子做出正确行为是不可取的，这有几个原因，有些是现实的原因，有些是道德上的原因。首先，从长远来看，欺骗作为一种影响策略是不现实的，因为孩子们迟早会意识到他们被父母操纵了。事实上，孩子们从很小的时候就对"耍花招"很敏感。如果父母或其他成年人总是依赖于让孩子产生误解的事件作为道德教育的一部分，孩子们很快就会对整件事（以及相关的成年人）产生不信任。幸运的是，现实生活中的父母在这种情况下并不经常像实验人员所假设的那样做。

此外，社会影响通常不是通过将精心谋划的策略强加到毫无戒心的接受者身上来实现。相反，它通常是通过一系列的磋商、合作等形式来实现，这些人可能意识到，也可能没有意识到在影响对方——他们通常很少考虑凭借策略来施加影响。

同样，不道德的手段实现不了道德上的目的。我写这句话不是为了说教，而是为了说明我们这里的讨论再次例证了这一强大定律。欺骗不能作为一种施加道德影响的手段，因为孩子们并不是永远蒙在鼓里的傻瓜。即使一次欺骗做法成功换来了孩子们的顺从行为，它也会衍生出不想要的信息，以及其他危险的副作用。其中一个信息是：最值得尊敬的成年人会允许欺骗行为。戴安娜·鲍姆林

德总结了其中的危险:

操纵的父母很可能培养出操纵的孩子。父母对孩子动机的微妙操纵提供了不诚实行为的榜样,孩子可能在家庭环境中察觉这种行为。

因为儿童在他们的社会关系中也是具有思维能力的参与者,试图影响他们就必须尊重他们的意识和他们的许多能力。这并不意味着必须让孩子自由发展。我们已经看到,父母对孩子的严格管束可以为孩子的道德发展提供重要的指导。但只有坦诚而直接地与孩子沟通时,这种管束才是有效的。若外加父母晓之以理,而不是忽视孩子们自身的道德倾向,则最为有效。

儿童不仅积极参与社会关系;他们还会发展自己对这些关系的信念。这些信念在很大程度上源于儿童自己的认知观:它们不只是对他人灌输信息的盲目反映,这也是儿童对亲子关系,以及其他社会关系认识的反映。

儿童对成年人权威的认识是一个自然发展的过程。各个年龄段的儿童都相信服从权威是重要的。但随着年龄的增长,孩子们会改变他们服从的理由,以及他们选择服从的对象和条件。随着儿童进入青春期，这些态度上的变化将带来更为坦诚和成熟的两代人之间的交流（尽管也伴随着越来越多的对抗）。

就和在研究儿童早期的分享观时所做的一样，探索儿童对权威的看法也是通过使用一些假设的故事和延伸的问题。下面是一个讲给4岁至12岁孩子听的故事：

这是彼得（讲给女孩听时换成米歇尔），这是他的妈妈约翰逊夫人（展示故事中人物的图片）。约翰逊夫人想让彼得每天打扫自己的房间，她告诉彼得，在他打扫房间和收拾玩具之前，不能出去玩。但是，有一天，彼得的朋友迈克尔来告诉彼得说，他们所有的小伙伴马上要去野餐。彼得想去，但他的房间太乱了。他告诉妈妈，他现在没有时间整理他的房间，但是他以后会整理的。她说不行，他得留下来，不能去野餐。

讲完这个故事，或者其他类似的故事后，可以问孩子们一些问题，用这些问题来探究孩子们对"权威的合法性"（权威人物命令权的基础）和"服从的理由"（为什么照权威人物说的做是重要的）的看法。典型问题是："是什么让父母有权告诉孩子该做什么？""彼得要是不顾他妈妈的阻拦，去野餐了，他这么做为什么是错误的?"如以下例子所示,孩子在从童年到青春期这几年中对这些问题的回答会发生很大的改变。

直到 5 岁左右,孩子们都相信他们服从是因为他们想要这么做。他们只是隐约感到一些命令与自己的欲望冲突,但仍需服从。下面例子中的两个孩子都是 4 岁:

问:"彼得的妈妈可以这样说吗?"

答:"不可以。"

问:"为什么呢?"

答:"因为他不能出去玩了。"

问:"但是他没有像妈妈要求的那样打扫房间,这让她可以这样说吗?"

答:"不可以。"

问:"为什么不呢。"

答:"她不会那样说。"

问:"她不会?为什么不会?"

答:"她妈妈只会告诉他做一些好的事情。"

问:"你认为彼得应该做什么?"

答:"去野餐。"

问:"他为什么应该那样做?"

答:"因为他想去,而且他所有的朋友们都去了。"

问:"但是如果他妈妈说:'不,彼得,你不能去,除非你先打扫了你的房间。'呢?"

答:"他应该照他妈妈说的做。"

问:"如果彼得真的想去野餐,但他又不想打扫他的房间,因为如果打扫房间,他就会错过野餐,那该怎么办?"

答:"他妈妈会让他和他的朋友们出去。"

问:"但如果她不让呢?"

答:"那他就待在家里和妹妹玩,清理玩具盒里的所有玩具。"

问:"他为什么要那样做?"

答:"因为他想要这么做。"

在学龄前阶段结束时,孩子们会更好地接受亲子之间的冲突事实以及可能带来的惩罚。父母的权威是通过身形、力量和其他权力的象征得以合法化的。违抗的不愉快后果为服从提供了一个强有力的理由。下面引用的是一个5岁儿童的典型回答:

问:"彼得该怎么办?"

答:"清理他的房间。"

问:"他为什么要那样做?"

答:"因为他妈妈叫他这么做。"

问:"为什么他必须照妈妈说的做?"

答:"因为她是他妈妈。"

问:"这有什么关系吗?"

答:"因为她和他爸爸一样,是家里的头儿。"

问:"是什么让他们成为家里的头儿?"

答:"妈妈和爸爸个子都很大,他们会揍人。"

孩子们很快就会知道,除了力量和权力以外,父母还有其他可以用来命令他们的东西。到童年中期时,孩子们将意识到父母的其他一些使其权威合法化的优点。其中最引人注目的是他们卓越的智慧及技能。服从被认为是尊重父母能力的标志。它还具有一定的互惠价值:服从不仅是一种表示尊重的必要姿态,也可以换来父母的回报:他们会保护你,养育你。因为父母懂得很多,所以他们就有能力来帮助你,而这一事实本身就决定了服从。以下引用的话来自三个7岁至8岁的孩子:

问:"为什么照妈妈说的做是重要的?"

答:"因为如果你做不到,她可能会帮你。"

问:"所以你才照她说的做?"

答:"是的,只有她才能给我最大帮助。"

问:"为什么她能这样帮助你?"

答:"因为她年纪大,能做很多我不能做的事情。"

问:"彼得应该做什么?"

答:"他应该放弃野餐。"

问:"为什么呢?"

答:"因为如果他妈妈告诉他做一件事,他就应该去做。"

问:"为什么?"

答:"因为如果你生病了,向她要水喝,她就会为你端来。"

问:"彼得偷偷溜出去参加野餐会怎样?"

答:"他不应该那样做。"

问:"为什么呢?"

答:"因为他妈妈叫他待在家里打扫房间。"

问:"那他为什么要照他妈妈说的去做呢?"

答:"因为是她在照顾他。"

问:"这有什么关系?"

答:"她既然为他做了那么多,要是他不听她的话,这似乎不公平。"

到童年快结束时,孩子们越来越意识到,服从父母的权威最符合自己的利益,因为父母关心他们的孩子,比他们有更多的经验。但与此同时,孩子们对人与人之间的平等意识也在不断增强。若父母错了,孩子有权力表达异议。在即将进入青春期时,许多孩子都相信,服从是一种选择,是自愿地把自己交给一个有领导才能并关心自己福祉的人。这种选择具有情境性:如果孩子在某件事情上知道的比父母多,父母就应该在这个话题上听取孩子的意见。以下是引用一个9岁儿童的回答,但更代表年龄稍大一些儿童的看法:

问:"彼得为什么要听他妈妈的话?"

答:"因为她知道什么对他最好。"

问:"这就是她叫他打扫房间的原因吗?"

答:"嗯,她知道他最好是学会做那些事情。"

问:"她怎么知道?"

答:"因为她是一个母亲,懂得如何教育孩子。"

问:"如果是她不知道的事情呢?比如说,假如全家要去野营,但没人知道有关野营的事情,除了彼得,全家谁也没去野营过。"

答:"那么他们都应该听彼得的话,他应该告诉他们该怎么准备。"

问:"他们都应该听彼得的话吗?"

答:"如果他对野营最了解的话,他们都应该听他的话。"

问:"为什么?"

答:"他知道该做什么,他应该带领大家,他妈妈爸爸最好还是听他的。"

因此,到童年时代快结束时,权威开始被视为一种服务于各方利益的协商关系。这种看待权威的视角要比幼儿尊重权威的视角更具有建设性。一方面,它鼓励自愿服从的精神。另一方面,它进一步打开了父母与孩子间的沟通渠道。当孩子与父母就选择和价值观进行真正的双向对话时,父母的意见通常会得到倾听和认真对待。当父母的意见被单方面地强加于人,并在高压环境中表达出来时,这些意见往往会被周围的嘈杂声所淹没。

也许最重要的是,儿童看待权威关系的新角度为适应文明生活所必需的社会视角铺平了道路。所有社会都需要给一部分人授权,也需要这些授权得到遵守和尊重。大一点的孩子开始能看到领导和服从制度的社会原因。此外,他们也明白,只有当权威既符合领导者的利益,也符合下属的利益时,它才是合法的;这就意味着权威人士必须拥有特殊的品质,如经验或才能,使他们能够胜任领导。按照这种逻辑,孩子们可以想象自己有一天会担任领导职务,这是为成为合格的社会公民做准备的明确迹象。

尽管我所描述的儿童看待权威的重要变化是自然的、普遍的,但特定的家庭背景或多或少地能促进这些变化的发生。研究表明,父母和孩子之间沟通无障碍的家庭——如鲍姆林德提出的"权威型"养育模式——比那些父母态度过于严厉或过于宽容的家庭更有利于孩子形成成熟的权威观念。从这个意义上说,儿童的信念和家庭氛围之间存在着双向的相互作用。在交流度高的家庭中,孩子们很容易形成成熟的权威观念;随着孩子们逐渐形成更成熟的权威观念,家庭氛围也变得更加融洽。

在世界各地的家庭生活中,父母向孩子传授道德价值观的方式以及他们所选择的价值观千差万别。最显著的对比是,美国文化提倡独立、自由和自信的价值观,而许多其他文化提倡相互依赖、集体和传统等价值观。尽管许多西方城市社会在这方面与美国相似，但非洲和亚洲的许多农业地区往往属于第二种情形（参见第6章关于印度部分地区儿童道德的讨论）。

比阿特丽和约翰·怀廷以及他们的同事们比较了来自众多文化背景的家庭生活：日本冲绳、墨西哥、菲律宾、印度、肯尼亚、新英格兰[①]。他们发现，总的来说，美国儿童比他们所研究的其他国家的儿童断奶早，而且更加独立。在整个成长过程中，父母鼓励他们超越他人，而不是融入社区的需要和传统。所有这一切都有助于促进美国儿童的自治和自信，但以牺牲与他人的团结感为代价。

怀廷夫妇还发现，他们所研究的农业社会的儿童（来自菲律宾、肯尼亚和墨西哥）比来自城市社会的儿童（美国、日本冲绳）表现得更无私。在农村家庭，母亲通常白天在地里干活。因此儿童必须承担繁重的家务和其他家庭责任。他们要照看弟弟妹妹，帮忙洗衣做饭，甚至帮助照顾病人和老人。这种频繁的帮助父母的行为可以使儿童养成亲社会的行为习惯。

城市儿童，特别是在美国这样的技术社会中，在家庭中承担的责任相对较少。这带来的其中一个影响可能是城市儿童倾向于把竞

---

① Whiting B. B., and Whiting, J. W. M. (1975) *Children of Six Cultures: A Psychocultural Analysis*. Cambridge, Mass.: Harvard University Press.

争，而不是把合作作为一种社会标准。人类学家米勒德·马德森在这方面对世界各地的城市儿童和农村儿童进行了几项对比研究，研究结果一致显示，在社会交往中，城市儿童更加争强好胜，农村儿童更乐于合作和谦让[1]。

西方国家的儿童和非西方国家的儿童早期的一个重要区别是，前者比后者更喜欢寻求他人的关注（"看我，妈妈！"）。罗伯特·莱文在非洲开展的研究表明了父母的管教方式是如何与文化价值观相结合，从而产生这种反差的。莱文博士指出，非洲父母很少赞扬他们的孩子做得好。相反，他们传达的信息是，这样的行为是孩子应该做的。这意味着，符合父母标准的行为在很大程度上被忽视，而违反标准的行为则会受到责罚："在那些社会里，孩子们会观察并模仿，在必要的时候得到纠正性反馈，但是在做得正确时得不到任何反馈。"当然，这与美国中产阶级父母与孩子之间的沟通形成了鲜明对比，在这种沟通中，孩子的良好行为会获得表扬。莱文认为，父母的这种表扬只会增加孩子在父母面前的表现欲，并降低孩子对父母的要求和命令的服从程度。此外，父母的表扬会促使孩子

---

[1] Madsen, M. C. (1971) Developmental and cross-cultural differences in the cooperative and competitive behavior of young children. *Journal of Cross-cultural Psychology*.

在从事任何活动时都想寻求关注。

在我们的文化中,许多父母都有意地向孩子灌输张扬的一种早期形式——寻求关注。在我们这个追求成就的社会里,大多数人认为张扬是一种美德。它与自信有关,有助于体现个人能力,实现成功。但是,张扬有时会与谦逊、顺从和自我牺牲等美德背道而驰,而这些美德在强调人与人之间相互依赖的文化中更受重视。在这样的文化中,父母不刻意鼓励孩子表现张扬,比如寻求他人关注。

在育儿实践中,我们可以看到文化通过向下一代传递价值观来实现传承。价值观的传递并不是通过讲座或课程告诉人们对与错而直接完成的。相反,它是通过巧妙地鼓励或劝阻诸如寻求关注的行为来实现的。世界各地的父母都必须有一种直觉能力,能够识别这种童年行为对文化传承的影响。

当然,就价值观而言,没有哪个社会是一个统一的整体。关于是对还是错,任何社会中的个人观点都不可能统一,同样,大家对培养有道德的儿童的最佳方式也存在分歧。任何一幅文化对比画都是用粗线条画出的,覆盖了许多文化内部的矛盾。此外,社会在不断变化着,有时在一两代人的时间里就能获得全新的价值观。20世纪见证了许多传统社会接受了西方价值观。

在某些情况下，这些社会内部的反应会导致对变革的排斥和对旧价值观的坚持。在另一些情况下，两者之间的紧张关系继续存在，成为一种社会分裂力量。

中国心理学家最近的一项研究生动地向我们展示了一个转型期的社会是如何努力培养儿童的道德价值观的[①]。研究人员对中国独生子女政策的发展性影响很感兴趣。这项由国家计划生育委员会实施的政策，成功地大幅缩减了许多中国家庭的规模。根据最近的调查，在中国主要城市和地区，近 3/4 的已婚夫妇现在只有一个孩子[②]。

研究人员对来自农村和城市的近 1000 名幼儿园和小学儿童进行了研究。有兄弟姐妹的儿童与独生儿童在社交和认知的许多方面进行了比较。研究人员进入这些儿童的学校，让他们的伙伴给这些儿童的合作能力、友好程度和自私程度打分。结果显示，无论在农村还是城市，独生儿童比有兄弟姐妹的儿童更以自我为中心。他们更喜欢根据自己的兴趣行事，与他人分享和合作得较少。有兄弟姐妹的儿童更受同龄人的喜爱，应对约束和挫折的能力更强。

---

① Jiao, S., Ji, G., and Jing, Q. (1986) Comparative study of behavioral qualities of only children and sibling children. *Child Development*.
② 1986 年的数据。——编者注

研究人员得出的结论是,至少在中国,有兄弟姐妹的家庭环境是儿童道德成长的重要组成部分。他们指出:"大家庭生活需要合作和集体参与。"孩子们被迫与兄弟姐妹分享父母的关注,并且必须学会有效地应对来自同伴的压力。独生儿童在这方面不占优势。研究人员引用了一项观察结果:"一个独生儿童在幼儿园里午睡后不会穿衣服;他只是坐在床上等保育员给他穿衣服。如果没人来照顾他,他就一直坐在那里,看着其他人穿衣服。"

世界上许多地方都存在这样的问题。怀廷夫妇发现,独生儿童不如有兄弟姐妹的儿童愿意与别人分享或助人。但这种情况似乎主要发生在农村和传统文化中,那里的儿童一般更具有合作和利他精神。在当代美国或其他西方城市文化中,和来自非独生家庭的同龄人相比,独生儿童似乎并不显得更加以自我为中心。这可能是因为,农村地区的父母不像城市地区的父母那样努力弥补独生儿童在受同伴影响方面存在的不足。

在中国这样的社会中,这个问题可能会变得尤为严重,因为在这个国家,大家庭向小家庭的转变是突然的,而且是政策性的。这可能是因为在缺少大家庭经验的情况下,社会尚未来得及探索培养儿童亲社会价值观的途径。

可以想象为什么这份研究报告引起了中国决策者的关注。如果中国的孩子真的被无意中培养成了缺乏公共价值观的人,他们在发展过程中将不可避免地与他们文化的核心价值观发生冲突。事实上,已经有报道称,令许多长辈感到不安的是,当代中国年轻人越来越被物质主义、利己主义成就和其他西方价值观所吸引。正在变化的家庭结构,以及由此引发的儿童早期经验的改变,可能是这种现象背后的一个原因。

每个社会在价值观上都要经历一些代际变迁:这就是文化随着时间发生改变的过程。父母若想在孩子身上复制自己的价值观,似乎只能取得部分成功。这是因为即使做得最好的父母也不是完美的价值观引导者;有许多父母的做法和家庭条件是无效的,甚至适得其反。例如,卡洛琳·波普·爱德华兹曾描述过一个肯尼亚部落,那里的父母通过殴打犯错的孩子,竭力阻止孩子攻击他人[1]。不足为奇的是,尽管他们的父母提倡行为规范,这个部落的孩子经常在遇到问题时诉诸暴力。

此外,由于父母不是影响孩子道德发展的唯一因素,因此也存在代际变迁。孩子们常常在他们所处的社会现实背景下自己分辨出

---

[1] Edwards, C. P. (1987) Socialization in Kenya. In J. Kagan and S. Lamb (Eds.). *The Emergence of Morality in Young Children*. Chicago: University of Chicago Press.

对与错。不管父母怎么说,他们经常会通过这种做法得出自己的结论。我们将在下一章中看到,孩子们在家庭之外的地方会获得很多和道德有关的体验。

第 5 章
CHAPTER5

平等互动：同伴间的合作游戏

在婴儿期结束后的几年里，儿童和同龄人待在一起的时间越来越多。在这一过程中，他们开始建立并保持密切的同龄人关系。这些最早期的关系形式绝非真正的友谊，但随着年龄的增长，儿童获得了与亲密朋友建立起稳定关系所必需的知识和个人经验……

最佳的友谊可以创造一种理想的道德条件。在真正的友谊中，一方的利益被视为与另一方是等同的。分享快乐和悲伤，彼此忠诚。解决利益冲突时会体贴地考虑对方的角度。在真正的友谊中，人们自发地尊重对方的权利，互相关心对方的幸福。因此，朋友之间的公平无须强制，它反而是从这种关系中派生的。这无疑就是亚里士多德所说的"当人们成为朋友时，他们无需公平，但当他们能保持公平时，却仍需友谊"。

　　童年是友谊迅速发展的时期。友谊的形成对儿童来说是自然而然的：事实上，这是儿童早在学步期就特别感兴趣的事情之一。在婴儿期结束后的几年里，儿童和同龄人待在一起的时间越来越多。在这一过程中，他们开始建立并保持密切的同龄人关系。这些最早期的关系形式绝非真正的友谊，但随着年龄的增长，儿童获得了与亲密朋友建立起稳定关系所必需的知识和个人经验。

　　即使是最早期的友谊也有不成文的行为标准和所期望的责任。

孩子们在经历友谊的分分合合时学会了这些——无论是好的友谊还是糟糕的友谊。因此，道德的一些核心要素首先是通过与朋友玩耍发现的。事实上，这些友谊很有可能是儿童获得某些关键行为规范和道德标准的主要依托。

澳大利亚研究人员布隆文·戴维斯观察了澳大利亚儿童的游戏模式，并询问了他们一些关于社交互动意义的问题。在她的观察中，戴维斯被儿童自身文化呈现的力量和一致性所震撼，其中包括关于同龄人关系的明确准则和规范。这些准则和规范与成年人的社交准则有时一致，有时不同，有时则完全相反。当孩子们感知到差异时，他们的忠诚往往偏向于同龄人的标准。因此，他们的行为往往更多地是受朋友期望的指导，而不是受他们从成年人那里学到的标准的指导。

回想一下在第1章中列举的哈茨霍恩和梅关于童年性格的研究。在这些实验中，童年的信用（帮助同伴）无意中与成年人的标准相违背（不要在一个看上去武断的任务中作弊）。就像现实生活中的很多情形一样，童年时期同伴之间的信用占了上风——这让参与实验的成年人感到困惑不解。

我在下面讨论的许多童年准则和标准在成年期仍是必不可少的。事实上，这就是为什么说童年时期的同伴关系对儿童准备进入成年社会生活是十分重要的。但是，儿童以他们自己的方式执行这些准则和标准，这些方式通常和成年人的方式毫无相似之处。成年人版的道德准则和标准并不总是能很好地进入到儿童的文化当中。因此，成年人常常发现他们关于公平或诚实的说教被对方置若罔闻。只有当儿童在自己的社交游戏中发现这些准则和标准时，他们才开始意识到这些标准的价值。

童年文化的首要准则是互惠。这条准则本身并不能把童年阶段和成年阶段区分开，因为互惠是所有人类交往的基本事实。此外，这一基本事实与人类文明本身一样古老。为了强调互惠在社会和道德交往中的基本作用，罗伯特·凯恩斯引用了孔子《论语》中的一段话：

子贡问曰："有一言而可以终生行之者乎？"子曰："其恕乎。己所不欲，勿施于人。"

这句名言的一个西方版本是金法则"你希望别人如何待你，你就如何待人"。尽管思想渊源不同，但核心信息是相同的：道德生活是建立在社会行为是互惠的这一假设基础之上。这种假设会影响我们对他人的行为，以及我们对他人行为的期望。在此影响下，人们会因为前者而承担责任,并因为后者而主张权利;这些责任和权利是在一种彼此互惠的关系中共存的。

社会关系中的互惠性可以用最简单的形式定义为一个关于给予和索取的包含多层面的原则。它是社会关系的基础,因为建立、维护和修复社会关系都需要它。在所有的社会准则中,互惠性是关系存在唯一的绝对必要条件。

互惠使沟通成为可能,从而建立关系。任何"交谈"——无论是口头的还是非口头的,都需要双方交换一些手势、有意义的回应,以及其他可以传递意义的认识表达。我们知道,这种相互交流在生命早期就出现了,即婴儿在出生后不久与照料者的互动[1]。随着儿童的每一种新关系的建立,它们会以越来越复杂的形式出现。

一旦建立了关系,通过确保互动最终满足双方的利益,互惠性使其自身得以维持。这为防止关系破裂提供了一种利益的平衡。然而,当伤害或侮辱行为暂时破坏了这种关系时,互惠性可以通过补偿行为对关系进行修复。这些补偿行为可能包括物质补偿、道歉、原谅,或实施和接受惩罚。有些互惠形式在童年关系中是典型的,

---

[1] Brazelton, T. B. (1976) Early Parent–infant reciprocity. In V. C. Vaughn and T. B. Brazelton (Eds.), *The Family: Can it be saved?* Chicago: Yearbook Medical Publishers.

有些则不是。就道德发展的重要意义而言,儿童的同伴关系培养了一种"直接"的互惠,而这在大多数的成年人关系中是相对较为罕见的。

在观察儿童的社交游戏时,戴维斯发现了在童年的友谊中很常见的两个互惠的例子。第一种是"判断的互惠":"我是你的一面镜子,可以向你提供我对你行为的看法。"第二种是"行为的互惠":"我应该以你待我的方式对待你。我会把你对我做的任何不当行为都还给你,而且,不那么重要的是,我也会把正确的行为还给你。"

这两种互惠都是直接互惠的例子[①],在这种互惠中,任何一方都可以自由地采取直接行动和做出反应,而不受另一方的约束。在直接互惠中存在着"主动性的对等"。与之相反的是"不对等互惠"——一方的行为和反应遵循另一方的指示。儿童与儿童的关系一般以直接互惠为特征,而成年人与儿童的关系(至少在青少年时期之前)则以不对等互惠为特征。

儿童与儿童之间的关系是以直接互惠进行的,这是因为儿童通常认为彼此在地位和权力上是平等的。这就是为什么童年友谊中的

[①] Youniss, J. (1980) *Parents and Peers in Child Development.* Chicago: university of Chicago Press.

各方都认为可以毫不犹豫地相互给予和接受指示。一般来说，亲密的童年友谊是建立在平等的基础之上，拥有这种友谊的愿望给儿童以强大的动力，使他们在社会交往中把平等作为一种准则。当说起和朋友们的关系时，儿童经常把平等的标准作为这种关系的一个决定性因素。这种趋势随着儿童年龄的增长日益明显。此外，儿童区分朋友和非朋友时也是以这一决定性元素为依据。通过回顾一系列的实验研究结果，托马斯·伯恩特总结出，童年时朋友之间比普通人之间更关心平等——不过伯恩特又警告，如果情况特殊，朋友之间对平等的关心也会被竞争精神取代[1]。

除了互惠，儿童的同伴关系还促进了人际交往的另外两个标准：相互性和亲密。相互性意味着高度共同参与谈话或其他合作活动。亲密是指一种紧密的情感联结，通过这种联结孩子们分享秘密和其他心事。研究发现，儿童和朋友之间交谈的次数比和其他人交谈的次数要多，而朋友间的交谈是"高质量"的交谈。这种交谈会获得积极回应，充满孩童的幻想，揭示了儿童内心深处的想法和感受。这种交谈也很贴心，哪怕是争吵的形式。当朋友之间出现意见

---

[1] Berndt, T. (1987) The distinctive features of conversations between friends: Theories, research, and implications for sociomoral development. In W. Kurtines and J. Gewirtz (Eds.) *Moral Development Through Social Interaction*. New York: Wiley.

分歧的时候，他们会努力向对方解释和证明自己的立场。这种体贴创造了一种信任感，使亲密分享成为可能。

相互性和亲密是人际标准，而不是道德标准。其本身并不会促进诸如公正、诚实或善良之类的道德标准。例如，在进行亲密的合作式对话时也有可能包含操纵或欺骗。然而，由于在人际方面所具有的重要作用，相互性和亲密对儿童的道德意识和道德学习有着间接但重要的影响。部分原因是它们在儿童的友谊中创造了一种强烈的情感基调。例如，伯恩特指出，在童年时期，"朋友之间的对话比与其他同龄人之间的对话更具有情感影响力：积极的会更为积极，消极的会更为消极。"这种由亲密关系所产生的情感影响力，使儿童特别重视友谊的准则、标准和规则。这种重视相应地会使儿童记住并掌握在和朋友交往中学到的道德标准，为他们在今后生活中应用这些标准打下基础。

因此，儿童之间的友谊可以充当他们学习道德标准的"讨论会"。这样的友谊非常有效，在很大程度上是因为孩子们非常热切地参与其中，而且情绪非常高。儿童关注他们的友谊，认真对待这种关系中应有的规范和标准。早期友谊的道德意义在于，它为儿童发现和实践基本的道德标准提供了一个充满感情的激励环境。儿童在友谊中学到的标准可能与成年人的道德规范有相像之处，也可能没有。然而，这些童年的标准往往是他们将来重要的道德原则的早期版本，尽管形式上会有不同。因此，这些童年标准为道德成熟提供了必要的初期形式——最初的基石。

儿童同伴关系培养的最重要的道德标准之一是诚实。儿童总是在诚实的问题上相互对质，他们希望朋友之间开诚布公。这为他们在日常交往中尊重和践行诚实提供了强大的动力。戴维斯在儿童文化中观察到了一个关于诚实的普遍标准，她称之为"会被发现的诚实"。这一标准反映了儿童对诚实怀有的信念：一旦真相被揭露，任何事情都是无法隐瞒的。对于修复因不满而破裂的友谊而言，发现并尊重真相是最为重要的。如果引起冲突的事件可以被准确地重构和接受，就可以很快找到明确的解决方案（比如道歉）。出于这个原因，儿童总是喜欢讨论"到底"发生了什么。向朋友撒谎是大忌，甚至会成为破坏友谊的罪魁祸首。

如上所述，诸如互惠、诚实和平等之类的规则和标准，不论其形式如何，对成年人之间关系的重要性都不亚于对儿童关系的重要性。成年人会依然：（1）评价他人的行为，并期待他人的评价；（2）对不满或赞赏做出恰当的回应，并期待他人的这种回应；（3）在自己和他人的叙述中主张诚实，反对欺骗；（4）争取自己和同伴之间的平等。在许多方面，这些准则和标准是文明生活的支柱。

但是，儿童友谊的某些特征会与他们日后关系的特征截然不同，儿童时期特有的关系规则使得早期友谊别具风格，有时会让我们成年人无法接受。一个明显的童年时期规则是友谊中的双方允许灵活机动的对待方式。另一个是选择朋友时"简单的持续接触"的标准。

在儿童文化中，如果朋友开始做出糟糕的行为，原先对朋友不可为的行为（例如打他）很快就变得可为了。这意味着儿童可以在前一刻对朋友很好，在下一刻却出奇地残忍，这就看眼前的状况是否让他们认为有理由这么做。同时，他们认为他们的友谊将保持不变，残忍造成的伤害将很快被修复和遗忘。这与成年人的关系截然不同，在成年人的关系中，朋友之间的伤人言语或行为带来的阴影可能存在很长时间，对友谊造成的破坏是无限期的。就这一点来说，儿童之间关系和成年人之间关系的不同既体现在信念上，也体现在事实上：不仅孩子们认为同伴关系中的大多数裂痕都可以迅速而轻易地获得修复，而且，实际情况就是如此。

戴维斯观察了一个例子，这个例子体现了儿童之间的友谊如何让儿童既坚持互惠这一普遍标准，又接受对方的不友好行为。在澳大利亚，有一种捉弄人的游戏叫做"傻瓜"。在美国没有这种游戏，但在美国或世界的其他地方，儿童之间会自发地玩相似版本的游戏。例如，我最近观察到，美国儿童在用"被猫嚼碎，咽下去，再吐出来"的微妙措辞来玩类似的游戏。

这类儿童游戏的要点是引诱朋友说一些蠢话，然后大喊一句"傻瓜"，当众揭穿对方的愚蠢。下面的对话就是这样一个例子。

甲：我喜欢这种自行车。杰米在生日那天收到一辆。

乙：我不喜欢。我喜欢意大利制造的那种。

甲：为什么？

乙：这种自行车速度更快，就像比赛中看到的一样。

甲：意大利到底在哪里？

乙：你知道，唔，在世界的另一边。

甲：哦，是的，你是说它在阿根廷附近。

乙：是的，我想是的。

甲：那里有金字塔之类的东西。

乙：嗯，是的，是的。

甲：傻瓜！

这种游戏带有一些残酷性，尽管这种残酷并非全无意义。它的合理性在于，被捉弄的一方通常会表现得自命不凡，骄傲自大，或者在某方面不懂装懂。当然，最根本的理由可能只是"以其人之道，还治其人之身"。

童年友谊与成年人友谊另一个不同标准是，友谊的建立主要不是基于情感偏好（喜欢什么样的人），而是基于有在一起玩的机会。小孩子常常说喜欢那些能和他们一起玩的人。相比之下，青少年和成年人则是根据相似性和尊重等标准来选择朋友（而不仅仅是"熟人"）；这些选择反映的是对最适合与其分享情感、信任和共同兴趣的人的信念（而不是简单地取决于在一起的时间或从事的活动）。

在童年时期，儿童对友谊本质的信念会不断发展。在这一发展过程中，孩子们逐渐抛弃了早期关于"友谊是通过简单持续接触而形成，并表现为一系列摇摆不定的行为"的想法。与此同时，他们坚持并扩展了对互惠、真诚、相互性和亲密的信念。因此，童年时期的发展，就是抛弃了某些特别适合早期游戏伙伴关系的规则，并发展一些原则和标准，它们将成为儿童日后成年人际关系的核心。下面来自5岁至11岁儿童的采访对话，就说明了这种发展的趋势。

故事1（对一个5岁儿童的采访）

问："你有很多朋友吗？"

答："克里斯、艾米、保拉、巴特和凯文。"

问:"你是怎么交到这么多朋友的?"

答:"我进到这个班以后就和他们交上了朋友。"

问:"你所有的朋友都在这个班吗?"

答:"是的。"

问:"你班上最好的朋友是谁?"

答:"艾米。"

问:"为什么艾米是你最好的朋友?"

答:"我喜欢她。我在……学前班就认识她,我来学校之前就认识她了。"问:"你是怎么认识艾米的?"

答:"在校车上,我们一起玩。"

问:"你会让艾米骑你的自行车吗?"

答:"是的,如果她来我家的话。"

问:"艾米为什么要来你家?"

答:"因为我想让她这么做。"

问:"如果你只有一辆自行车,你会让艾米骑吗?"

答:"是的,我们轮流骑,我们分享它。"

问:"你会和每个人分享吗?"

答:"我不和我不认识的人分享。我不会让坏人骑我的自行车。"

问:"坏人会怎么做?"

答:"他们打我。朋友们也打我,但那只是在我们打架的时候。"

问:"你是怎样交朋友的?"

答:"我会说:'嗨,你叫什么名字?'就这样。"

故事2(对一个8岁儿童的采访)

问:"谁是你最好的朋友?"

答:"雪莉。"

问:"为什么雪莉是你最好的朋友?"

答:"因为我挨打的时候她会帮我,我难过的时候她会安慰我,她会和我分享……"

问:"是什么让雪莉对你这么好?"

答:"我认识她很久了,我坐在她旁边,对她更了解。"

问:"你为什么最喜欢雪莉?"

答:"她为我做的最多。她从不反对我,从不在我面前吃东西,从不在我哭的时候走开,她帮我做作业……"

问:"你是怎么让别人喜欢你的?"

答:"我对别人友好,也会得到友好的回报。小气鬼不会获得回报……如果你对朋友好,他们也会对你好。"

故事 3(对一个 11 岁儿童的采访)

问:"谁是你最好的朋友?"

答:"卡罗尔,但她住得很远。"

问:"为什么卡罗尔是你最好的朋友?"

答:"她既不傲慢也不淘气,所以我喜欢和她一起玩。"

问:"你和卡罗尔会不会不再做好朋友呢?"

答:"也许吧,但我们不会让愚蠢的小事破坏我们的友谊。"

问:"你在这附近有好朋友吗?"

答:"有,谢丽尔。"

问:"为什么谢丽尔是你的好朋友?"

答:"因为我经常见她,放学后和她一起玩。"

问:"好朋友是什么样的?"

答:"一个不傲慢的人,和你一起玩你想玩的游戏。一个能和你玩到一起的人。和谢丽尔聊天很开心,一起玩也很开心,我的大多数朋友都不住在这附近,放学后我不能和他们在一起……"

问:"你怎么知道哪些人可以成为你的朋友?"

答:"我会花点时间和他们在一起,了解他们,如果他们傲慢或者淘气,我就把他们甩掉……"

问:"好朋友都做些什么?"

答:"他们会帮你解决问题,给你介绍新朋友,和你一起玩,和你朝夕相处,为你做很多事情。好朋友就是和你一起做游戏,陪你聊天,和你形影不离的人,比如一起寻开心、参加活动,野餐、参加像女童子军这样的组织。"

在第一个例子中,那个孩子把友谊与玩耍和分享玩具联系在一起。最初的联系是地理位置和距离的联系:她们上的是同一个学前班,乘的是同一辆校车,等等。友谊被认为是一系列短暂的共同玩耍的经历,像打人这类行为被认为不会永久结束这段关系。第二个例子中的儿童又大了几岁,她仍然承认近距离接近的重要性("我坐她旁边……"),但更期望好朋友会尽可能地互相帮助。这个孩子将友谊视为一种随着时间不断加强的关系(我认识她的时间更长……")。最后的例子中那个 11 岁儿童在选择朋友时学会了挑选。傲慢和淘气的孩子被排除在外:朋友是那些可以和你一起解决问题、聊天、参加活动等等的人。此外,她期望朋友能"朝夕相处"。到了她的这个年龄,朋友关系变得既稳定又亲密。一直处于友谊核心的互惠现在被看作是交换帮助和信任,而不仅仅是交换好感(故事2）或玩具（故事1）。

因此，在青春期早期，通过简单的持续接触建立友谊的规则正在迅速消失，随之消失的还有摇摆不定的待友方式规则，以及短暂关系的规则。对这些规则的摒弃是同时发生的，因为建立在认真挑选和慎重对待基础上的友谊可能会更持久；而拥有长久关系的目标驱使儿童在交友时做出谨慎选择，以及对朋友给予始终不懈的关爱。

那些将朋友关系视为"可塑的"，能够忍受极端的粗暴和虐待的青少年，很快就会发现自己没有任何永久的朋友。同样，找不到特别适合的人来分享内心深处的疑惑和秘密的青少年也会错失这种亲密友谊的回报。（亲密的自我表露一直以来都被视为心理健康的基石）。在这些方面以及其他方面，某些童年标准必须让位于新的标准。

但是，所有童年标准都能发挥作用，要么作为进一步发展的平台，要么作为一套虽有时限，但完全适用于儿童自身文化的规则体系。一个很好的例子是建立在简单接触的基础上，并且伴随着摇摆不定行为的友谊关系，它在使儿童早期拥有社交生活方面发挥着作用。孩子们经常因为一些他们无法控制的偶然原因碰在一起：父母搬家、学校划分班级、夏令营和其他聚了又散的活动。孩子们必须适应社会生活的流动性，必须能够与那些在他们生命中突然出现的人迅速建立友谊。同样，他们必须能够容忍玩伴对待他们前后不一致的行为。这些童年时代的友谊规则，无论后来变得多么不合时宜，在维持儿童早期的社交生活上发挥着关键性作用。

戴维斯在描述儿童在友谊中必须遵守的规则时，引用了社会学家乔治·霍曼斯的话："如果你和一些非常古怪的家伙相处的时间足够长，你就会喜欢他们。他们的古怪也变得无关紧要了。"事实上，这句格言对于调节一些棘手的成年人社会关系而言也是一个不错的标准（实质上这也是霍曼斯最初想表达的意思）。但是，即使生活发生变化，更多偶然的人际环境使这一规则变得无关紧要，我们仍然认为它起到了促进发展的作用。

童年时期的友谊为发现和实践重要的道德标准创造了优越的条件。这在很大程度上是因为儿童之间的友谊热烈而真挚。此外，童年时期朋友之间的地位几乎总是接近平等的，特别是与成年人和儿童之间的关系比较时，更是如此。

儿童之间的友谊倾向于平等，正因如此，这些关系才能名正言顺地称为同伴关系——修饰词"同伴"意味着参与其中的各方认为彼此拥有平等的权利和特权。虽然对我们来说，这听起来像是一种相当寻常的状态，但对于一个年幼的孩子来说，真正的关系平等可能是一些不寻常的、令人愉快的体验。

在儿童的友谊中,"同伴身份"这一事实能够使这种关系对儿童的道德成长做出独特的贡献。当儿童和成年人互动时,儿童的行为和反应最终受成年人的指令支配。相比之下,同伴间的友谊通常不认可单方面的权威。当同伴友谊中存在领导者时,其领导权力通常建立在一个非常局限的基础之上——可能被限制在一方有特殊技能的领域。朋友之间,平等的意识凌驾于任何一方的领导之上。这种平等意识为双方之间自由地发出和接受指示以及做回应创造了条件。

建立在直接互惠基础上的关系中,各方都尊重对方的平等特权和观点。因此,任何有关这一关系内行为规范的决定都必须通过协商一致来达成。这条原则——皮亚杰称之为"相互尊重"——使儿童对道德规则和义务产生了一种特别的态度。他们现在认识到,道德规则可以通过自由选择的行动来达成,也可以通过协商一致来调整,以满足人的需要。

一旦在相互尊重的关系中体验了规则和义务,儿童就会从更人性化的角度来看待它们。儿童意识到,规则不需要由一个不容置疑的权威人物"自上而下"地颁布。相反,平等相处的人们可以制定甚至改变规则。使规则变得"道德"或"公正"的是适用于各方的公平性,而不是某个不容置疑的外部权威。当因规则而起冲突时,这一点能够,并且一定会,通过同伴间观点的碰撞得到验证。

儿童最终会认识到,规则是有助于调节各种人际互动的合作协议。当然,这会有助于儿童遵守规则,因为他们认识到了规则的重要性。儿童现在开始从"内部"看待规则——也就是说,从一个能够制定、修改和执行规则的人的角度,以及一个被期望遵守规则的人的角度。这种更加成熟的角度使儿童在情感上赞同尊重社会规则的义务。

通常,儿童第一次体验规则的"相互性"特征是在比赛和游戏等竞技领域。在这些场合,孩子们很快认识到,当平等公平地运用规则时,能够使活动按合理的秩序进行,从而使每个参与者都受益。在游戏中,孩子们在执行规则时也学会了相互合作。这可能意味着遇到棘手的情况时他们会讨论对某条规则的解读,同意更改对每个人都有利的规则,或者在需要时制定新的规则。这样的"讨论"可能会很激烈,类似于争吵。但是在这些平等者之间进行的协商中,孩子们通过规则获得了对社会规范形成过程的深入理解和尊重。

道德发展的里程碑式研究之一是皮亚杰近 60 年前在日内瓦对弹珠游戏的探索。皮亚杰认为,儿童对"游戏规则"的态度在很大程度上代表了他们的早期道德。他观察了儿童在日内瓦街头玩弹珠游戏时遵守规则的行为，并问孩子们这些规则对他们意味着什么。他发现，5岁左右的儿童认为规则既永久又神圣，不会因为任何原因而改变。皮亚杰把这称为对规则的"他律"信仰，因为它意味着无条件地服从被认为是自身之外的规则。

与儿童"他律"思维相联系的是不同表现形式的"道德实在论"。其中一种形式被称为"客观责任"，即把规则条文看得比人对规则的需求更重要。一个体现"客观责任"道德实在论的例子是，在防止狗在草地上挖洞时，仍不应忽视"请勿践踏草坪"的提示。

皮亚杰在对幼儿的采访中发现了一些类似的反常现象。其中最典型的是许多5岁儿童的看法：帮忙时不小心打碎15个杯子的行为比在偷果酱时打碎一个杯子的行为更糟糕。皮亚杰指出，这种看法是客观责任的例子，因为它将行为的后果置于行为背后的意图之上进行考虑。

道德实在论的另一种表现是"内在公正"，即认为错误行为必将带来惩罚，有时认为惩罚来自命运或自然界。例如，如果某个男孩用谎言成功地欺骗了父母，他在外出时就会被树枝砸中。孩子们认为，道德规则就像万有引力定律一样，是我们生活的这个世界永恒不变的一部分，会带来必然的、无法回避的后果。

所有形式的他律道德思维都是在基于权威的人际关系中自然产生的。在以权威为基础的关系中，规则和其他约束的确是"从上层传下来的"。此外，建立在权威之上的关系展现了道德规范的绝对正确性和必然性。基于这些原因，皮亚杰提出他律道德是成年人与儿童关系的产物，源于儿童对成年人的"单方面尊重"。相反，自律道德则来自于儿童在同伴关系中所体验的相互尊重。

在童年早期，他律道德与自律道德同时存在。这是因为幼儿既有与成年人的关系，也有与同伴的关系。但在童年早期，由于亲子关系占据优势，他律支配着自律。当儿童把更多精力投入到与同伴的交往中，自律道德就会增强。在皮亚杰的日内瓦观察实验中，这种情况发生在八九岁。有趣的是，皮亚杰指出，随着这种变化的发生，儿童在遵守规则时越来越趋向于稳定性。矛盾的是，当儿童开始把规则看得不那么神圣、不那么"不可触碰"时，反而会更加遵守规则。规则的精神似乎比条文本身对儿童的亲社会行为更有指导意义。

皮亚杰的"儿童的两个社会世界"——一个是成人的社会世界，另一个是同伴的社会世界——对儿童道德发展的影响是相辅相成的。同伴关系与道德互惠、友善、合作和公正意识的发展有着特殊的联系。另一方面，与成年人的关系具有引导儿童尊重社会秩序和了解重要的社会规范的必要功能。对于拥有全面而成熟的道德感而言，两者都是必不可少的。儿童既需要收获这些关系所带来的"结果",也需要收获它们所带来的"过程"。"结果"是所形成的能为儿童道德价值观奠定基础的道德原则。"过程"则通过互动为儿童提供与他人文明交往的方法,以及进一步提高儿童道德意识的手段。

就结果而言,同伴关系会催生平等、合作、友善和公平。儿童与成年人的关系使儿童获得关于社会秩序和社会规范以及背后的道德理由的知识。就过程而言,同伴关系使儿童参与到诸如直接互惠和一致协商等互动中来。一旦对这些环节有熟练的掌握,儿童就能在生活中以平等的方式与他人制定道德规则。相比之下,儿童与成年人之间的关系则使儿童接触到权威的人际关系。儿童会学到判断权威在道德上是否正当的方法。此外,儿童还将学会尊重既定的规则和惯例;最重要的是,他还将学会尊重作为所有规则和社会惯例源泉的社会秩序。这也是一份会终生受用的馈赠,因为它将使儿童成为合格的社会公民,带有公民的领导者特权和服从者责任。

尤尼斯在一系列的研究中采访了儿童对同伴关系以及儿童与成年人关系的看法。这些访谈表明,儿童认为对同伴"友善"与对成年人"友善"有着截然不同的含义。在同伴关系中,友善意味着亲社会行为,如助人或分享。而在与成年人的关系中,友善意味着合作(带有顺从的含义),尤其是温顺地服从成年人。

尽管这两种关系最初存在着这种显著不同，但儿童的同伴关系经历会对以后他们与成年人的关系产生影响——通过改变这些关系的性质。一旦孩子们学会了同伴关系中的直接互惠原则，就开始把它应用到自己与成年人的关系中来。这种情况发生在童年后期或青少年初期，那时孩子们开始认为自己在基于权威的关系中是平等的参与者，在亲子关系中产生一种更强烈的平等参与意识。

此外，将同伴关系诱发的道德和儿童与成年人关系诱发的道德进行对比，可能会发现两者的界限有些模糊，因为成年人可以扮演"朋友"的角色，而同伴也可以扮演"权威人物"的角色。在关于人际的平等、相互性、互惠和权威的不同模式之间，存在着许多不同程度的灰色地带。尽管存在这么多灰色地带，这种对比仍然有效，并有助于识别这两种普遍的儿童社会关系在儿童道德的形成方面各自发挥着怎样的作用。

因为同伴在年龄和社会地位上都很接近，往往有相似的问题、愿望和兴趣。从很小的时候起，儿童相互之间就会直接与他人交流这些事情。因为儿童和同伴之间有很多共同之处，加之他们经常一起谈论各自的想法和经历，所以很自然地，也相对比较容易分享彼此的观点。人与人之间分享观点的做法被称为"角色扮演"或"换位思考"，意思是把自己放在别人的位置上看问题，也就是我们在生活中经常会说到的"从他人的角度看问题"。

换位思考显然是社会和道德判断的一个重要组成部分。然而，一个人要准确地理解另一个人的观点究竟有多么不易，对此存在着激烈争论。从这些争论中产生的问题是，年龄较小的儿童是否有能力进行换位思考；儿童是如何理解完全不同于他们自己的观点的。

社会哲学家乔治·赫伯特·米德率先阐述了角色扮演理论及其对儿童道德发展的重要意义。米德写道，儿童通过与社会世界的持续互动学会扮演他人的角色。在这样的互动过程中，他们发现，如果要进行交流，他们自己的语言和手势必须容易被他人领会。否则，一个人想传达的信息就可能会被对方误解。

因此，在谈话中，双方必须观察对方的反应，并预测对方的想法。通过这种方式，双方可以调整各自的手势和语言，以确保它们获得正确理解。米德写道，这种"相互调整"的过程创造了处于所有人类谈话核心位置的角色扮演技能。

因为角色扮演在人类社会生活中发挥着举足轻重的作用，米德发现这种技巧发展得很早，也许是在婴儿期临近结束时就开始了。他写道，幼儿能够扮演他们接触到的其他人的角色。通过具体的事件和行为，他们了解到许多个体的态度和举止。

随着年龄的增长，儿童不仅能够扮演个体的角色，还能扮演

"广义他人"的角色。这意味着他们能够推断出他们所属的社会群体的集体观点,区别于每个成员的独特观点。最初这可能发生在操场上,因为孩子们在球类运动中扮演着许多角色(投手和接球手,队友和对手)。儿童通过在心理上扮演这些情境中的多重角色,抽象出社会群体的规则和标准。因此,在这种广义的角色扮演的过程中,儿童对社会程序和观念有了深入了解,这就是为什么米德认为角色扮演是儿童道德发展的核心。

自从米德的时代以来,发展心理学方面的大量工作集中在儿童的角色扮演能力上。儿童是怎样学会从其他角度看待问题的,这种能力又是如何促进儿童的社会和道德成长的,关于这些问题已经进行了大量的实验性研究。一般来说,这些实验性研究把儿童和真实的或想象的同伴放在一起,让他们回忆同伴的观点。一些更为深入的研究想验证一个假设,即特定水平的角色扮演技能对于某些类型的道德判断或道德行为而言是必要的。

约翰·弗拉维尔和他的同事们通过巧妙的实验,确定了儿童在试图采择他人观点时遇到的几种障碍类型[1]。弗拉维尔认为米德理论最大的不足是没有足够重视这些障碍。最主要的障碍是弗拉维尔

---

[1] Flavell, et al. (1968) *The Development of Role-Taking and Communication Skills in Children.* New York: Wiley.

所说的"视角的差异"。

出于一些原因，人们的观点往往大相径庭。人与人之间有不同的知识、思想、情感反应和兴趣（广义上）。生活条件千差万别。富人和穷人有不同的需求和观点；正如老年人有不同于年轻一代的人生观一样。儿童不能通过简单地投射自己的观点就正确地推断出别人的观点。然而，儿童一开始确实会犯这个错误，以及许多其他的错误。

当被要求从三个不同角色的视角来讲述一个故事时（每个角色都被描绘成故事的主角），幼儿会把同一个故事讲三遍。到了6岁左右，很多儿童每次讲述时会有所变化，但这些变化常常会导致他们无法解决的叙事矛盾。只有到了童年后期，儿童才能区分出故事的视角，并把它们编织成一个连贯的故事。

最简单的视角问题是认识到可能存在与自身不同的视角。然而，当我们把一张正面有一只狗，背面有一只猫的双面卡片给2岁的儿童看时，许多儿童没有意识到，当他们看着一只狗时，卡片另一面的人会看到一只猫。处理视角差异的困难会妨碍儿童与他人有效沟通的尝试。弗拉维尔发现，学龄儿童在试图帮助指导被蒙住眼睛的同伴时，往往会受挫。他们无法提供盲人所需的那种明确的、以行动为导向的信息。

罗伯特·塞尔曼绘制了儿童角色扮演能力的成长图表，并概述了儿童换位思考能力发展的四个阶段①。这些按顺序发展的阶段见表5.1。

表5.1 罗伯特·塞尔曼关于换位思考的发展阶段

阶段	年龄	儿童理解能力
0 以自我为中心	3—5岁	儿童有我和他人的区别意识，但不能区别他人和自己的社会视角（思想，感受等）。儿童能识别他人的明显情绪，但看不出原因与社会行为的因果关系。
1 社会-信息 换位思考	6—8岁	儿童能意识到他人有基于各自归因的社会观点，这种观点可能与自己的相似，也可能不同。然而，儿童倾向于关注一种观点，而非整合观点。
2 自我反省的 换位思考	8—10岁	儿童认识到每个人都能意识到别人的观点，而这种意识会相互影响对彼此的看法。把自己放在他人的位置是判断他人意图、目的和行为的方式。儿童可以形成一套整合的观点，但不能从这个过程中上升至与他人"同时相互换位思考"的水平。

---

① Selman, R. L. (1980) *The Growth of Interpersonal Understanding*. New York: Academic Press.

续 表

阶段	年龄	儿童理解能力
3 相互换位思考	10—12 岁	儿童意识到自己和他人能相互并同时将他人视为主体。他走出了两人圈子,能从第三者的视角看待他们之间的互动。
4 社会与惯例制度换位思考	12—15 岁及以上	青少年意识到,相互的观点采集未必带来充分的理解。社会惯例被看成是必要的,因为全体社会成员(广义上的他人)都能理解它们,与地位、身份和经验无关。

注:各阶段的年龄仅代表基于我们当时研究的平均范围。

在水平 0,儿童能识别他人的想法和感受,但往往会把别人的心理状态和自己的混淆。第 2 章里有一个很好的例子:一个 2 岁的儿童把自己的安全毯让给一个不开心的成年人。在水平 1,儿童知道人们有自己的想法和感受,但是不理解不同的人观点之间的关系。上述那个"讲故事"的例子就体现了这种困难。在水平 2,儿童能够预测别人的观点,并把它们彼此联系起来(也与自己的观点联系起来)。有了这种能力,儿童知道如何影响他人以及他人可能如何影响自己。这使他们能够非常成功地与同伴进行对话。

但直到水平3，他们才能够走出人际关系的边界，采用"第三人称"视角。这就是米德所说的"扮演广义他人的角色"。处于这个水平的儿童可以用事件参与者之外的标准来评估社会事件。举个例子，假如一个孩子向另一个比他大的孩子提议，用自己的一美元零用钱换取对方的一块泡泡糖，后者可能认为这样做是在占前者的便宜，对那个孩子不公平，因而拒绝他。

这些换位思考的发展水平为儿童的道德判断奠定了基础。水平1让儿童意识到他人感到痛苦，可能需要帮助。水平2使儿童能够根据他人的具体需要和愿望提供恰当帮助。它也使儿童能够满足友谊之间的一些需求。例如，一种关系中的相互信任取决于是否理解自己的行为和承诺会影响另一方做出类似的行为和承诺，反之亦然。这种理解是通过水平2的换位思考能力得以实现的。

西方文明中最重要的道德观念之一是金法则"你希望别人如何待你，你就如何待人"。几个世纪以来，这句格言为人们提供了一种利他行为的动力。在水平3之前，儿童把这个概念理解为"别人对你怎样，你就对别人怎样"。他们认为，金法则告诉我们，当另一个孩子先动手时，你就要还击。到了水平3时，他们能够理解，一种关系中的行为可以通过外部标准进行评判。为了建立这个外部标准，他们也能够扮演一个假想的他人角色（就像我们希望他们做的那样……）。因此，水平3的换位思考能力使儿童能够充分理解金法则这样的高级道德概念。

尽管弗拉维尔、塞尔曼和其他研究者的换位思考实验得出了相当多的数据，但许多心理学家对幼儿完全不能进行换位思考的观点提出了质疑。他们引用了第2章中讨论的儿童同理心能力的轶事证据；而且，通过观察照料者和婴儿之间的互动明显发现，即使是很小的婴儿也能顺应照料者的情绪和意图。一些心理学家设计了一些方法来直接展示儿童早期的换位思考技能。例如，海伦·博尔克简化了换位思考任务的要求，结果使学龄前儿童能够非常轻松和成功地采用他人的视角看待问题。

从这点以及从其他证据可以清楚地看出，在某些情况下，即使是婴儿也能意识到自身之外的视角。当然，学龄前儿童能敏锐地察觉他人的交流需求：一名研究人员向我们展示了4岁儿童在被要求帮助几乎不会说话的幼儿时，是如何巧妙地改变他们的语言模式。但是，另一方面又有研究结果显示，换位思考是一种在童年时代随着年龄不断发展的能力，如何协调这两种研究结果呢？

目前的共识是，换位思考是一个多层面的工作，而不是一种笼统意义上的能力。有些关系和情况使扮演他人的角色相对简单，而另一些则会造成复杂的障碍。一个讨论亲密朋友的问题时显得特别善解人意的孩子，在面对一个善于操纵的陌生人时，可能看上去一脸懵懂。

围绕这一问题的争论之所以产生，是因为关注儿童换位思考困难的学者往往轻视了儿童值得肯定的能力。这个问题的根源可以追溯到皮亚杰，他在早期的著作中把整个童年早期描述为"以自我为中心"。当皮亚杰意识到学者们将这一标签解读为"幼儿完全局限于他们自己的视角"时，他最终摒弃了它。在他自己的研究工作中，皮亚杰开始采用一种更加肯定的、基于行为的视角来看待儿童的能力；不久以后，他在描述儿童换位思考失败时只是在他们所知道的、并且能够做特定的认知任务的背景下，而不是作为儿童早期思考力的一般特征。但是，许多发展主义者坚持把儿童的换位思考能力描述为一种单一的、笼统的能力，在幼儿的全部技能中是完全缺失的。

当代理论和研究告诉我们，儿童天生既以社会为中心，又以自我为中心。他们意识到他人的存在，并积极寻求与他人的互动交流。从某种程度上，他们一直在接纳别人的视角，如果不这样，就没有社会发展的可能。但是他们有很多知识要学习，比如关于自我和他人的精神状态以及两者之间的关系，等等。

通过社会体验，特别是在同伴关系中，儿童获得了更多关于这些问题的信息,对它们有了更深入的理解。他们的换位思考能力得到了发展,在与人交流及社会交往中变得更加富有成效。换位思考是一种强大的能力。它影响着儿童道德意识的深度,也影响着他们的道德判断的敏锐度。随着换位思考能力在童年时代逐渐增强,儿童能够更有效地运用自己的道德洞察力,从而以更现实的方式帮助他人。

然而,换位思考本身并没有任何道德命令。它是一个强大的社会和思想工具;但它在道德上是中立的。孩子们可以选择利用他们这种理解他人意图的能力做好事,也可以利用它干坏事。例如,他们可以利用自己的洞察力达到卑鄙自私的目的,比如轻松地引诱或欺骗他人。另一方面,如果儿童选择这样做,他们可以利用这种新的人际意识去追求改善他人福祉的利他目标。因此,决定儿童换位思考行为的道德色彩的是这种选择。当然,这种道德选择直接来自儿童在早期发展过程中获得的各种道德价值观。正如我们所看到的,决定儿童价值观的影响因素来自儿童内心,来自家庭,来自同伴。除此之外,社会制度和价值观的普遍影响也发挥着重要作用。

第 6 章
CHAPTER6

文化、性别和道德

在历史上的大多数社会中,妇女都承担了照料孩子的主要职责。这意味着男孩和女孩最初体验到的主要社会关系都是与一位女性的关系。对女孩来说,这是一种与同性成员的关系;对男孩来说则是一种与异性成员的关系。正是这种社会体验的不同,导致了儿童道德取向的差异……

道德价值观可以用广义的抽象概念来阐述，但它们是由生活在具体情境中的人为寄托来体现的。人和所处的情境都有各自的特点，因此这也就涉及到了人类生活的多样性。人和情境的不同特点会对道德在生活中的实现产生很大影响。这其中一个原因是：道德必须适应它所效用的特定环境。因此，世界各地人类状况的差异必然会导致道德思想和行为的差异。

也许道德哲学中最古老的争论，是关于是否存在对所有生活情境都普遍适用的道德真理。有对所有人在所有情境下都正确的道德信念吗？还是说每一种道德信念的有效性都取决于其所处的环境？康德和其他哲学家提出了一些普遍的"道德命令（道德基本职责）"——真理、公正和人的生命价值。另一方面，持"相对主义"观点的哲学家则认为，即使是这些不容置疑的"道德命令"，其意义、重要性和适用范围也因情况而异；在某些情况下，它们甚至会导致人们做出不道德的选择。还有一些哲学家认为纯粹形式的普遍主义和相对主义都是不可取的，因此在两者之间选择了某种形式的中间立场。

当我们在道德领域探索人的多样性时，将会不断遇到这种普遍主义和相对主义的对立。我不打算在此去试图解决这一对立，部分原因是我发现每一立场都有某些令人信服的因素，另一部分原因是我认为两者间的对立关系可能是道德行为的一种必要条件。因为日常生活中的道德选择都是原则和可行性以不确定方式结合作用下的产物。即使是最普通的道德行为也需要将道德价值观以创造性的方式应用于不同的生活情境。在这一过程中，当一个人苦苦为对人类而言普遍的道德问题寻求具体的日常解决办法时，普遍性和情境性的力量会不断地交互作用。

文化和性别都可以通过打造儿童的社会体验来影响他们的道德价值观。性别对儿童的道德发展有影响，因为男孩和女孩通常在很小的时候就会被区分对待。在那些对男孩和女孩的未来职业角色有完全不同期望的社会中，这种情况尤为明显。这种对待方式的差异会导致截然不同的道德取向，至少在儿童还小的时候是这样。文化之所以会产生影响，是因为在世界各地的社会中，人们传递给年轻人的价值观存在巨大差异。由于价值观不可避免地要通过社会交流进行传递，因而文化差异会导致儿童道德取向的差异。不论是道德信念上广义的跨文化差异,还是同一文化中不同性别、亚群体等的规范和价值观之间的差异,都是如此。

在历史上的大多数社会中,妇女都承担了照料孩子的主要职责。这意味着男孩和女孩最初体验到的主要社会关系都是与一位女性的关系。对女孩来说,这是一种与同性成员的关系;对男孩来说则是一种与异性成员的关系。正是这种社会体验的不同,导致了儿童道德取向的差异。儿童道德取向的一个重要差异——卡罗尔·吉利根将其称为"关爱"取向和"公正"取向——就归因于儿童与照料者之间最初的社会交往中的这种性别关联差异[1]。在童年早期,女孩往往会被道德中的关爱所吸引,而男孩往往会被道德中的公正所吸引。吉利根指出,最终,男性和女性都可以培养关爱和公正的意识;但由于早期体验模式的不同,女孩往往更偏向于前者,而男孩则偏向于后者。

关爱的道德取向假定他人的幸福与自己的幸福内在地联系在一起。人们分享彼此的幸运和不幸,必须为彼此的幸福负责。这意味着同情他人的困难,并积极提供支持和帮助。因此,关爱和责任是相辅相成的。

---

[1] Gilligan, C. (1982) *In a Different Voice: Psychological Theory and Women's Development*. Cambridge, Mass: Harvard University Press.

相反，公正的道德取向假定人们的利益和特权经常发生冲突。我想要的和应得的并不总是与你想要的和应得的一致或相容：事实上，我们的要求可能是相互排斥的。可能需要通过正式程序来裁决相互冲突的诉求。其中的一种程序是公正规则。通过制定和维护这样的规则，人们可以在一个大家认为公平的体系内和平地处理事务，即使存在个人利益的冲突。

从体验角度来看，小女孩往往获得关爱的道德取向，因为她们从婴儿期起就倾向于依恋，以及与他人的"联系"。而男孩往往倾向于个人主义，以及"独立"于他人。

这种道德取向上的性别体验差异是如何在发展过程中产生的？根据最近女权主义者对精神分析理论的修正，这种差异在母子关系早期就形成了，而且是不可逆转的[1]。虽然男孩和女孩体验到的最早期的亲密关系都是和母亲发生的，但母亲对男孩来说是异性，对女孩来说则是同性，男孩通过把自己和母亲进行对比来发现自己，而女孩则通过留意自己和母亲之间的相似性来发现自己。性别是儿童自我认同的最初表现之一[2]。

---

[1] Chodorow, N. (1978) *The Reproduction of Mothering: Psychoanalysis and the Sociology of Gender.* Berkeley: University of California Press.

[2] Lewis, M., and Brooks-Gunn, J. (1979) *Social Cognition and the Acquisition of self.* New York: Plenum.

由于这两种迥异的自我发现模式,男孩们形成了这样一种观念:他们在生活中本质上与他人不同,而女孩们形成的信念是,自己与他人之间存在相似性和关联性。早在3岁的时候,这种根本性的差异就能影响男孩和女孩与他人关系的倾向:"女孩显露出喜欢将心比心的强烈倾向……"而男孩则倾向于"更显著的个性化",这将在"他们最初的爱和同理心"中占主导地位。这就解释了为什么女性往往认为人们从根本上拥有共同的自我利益,而男性往往认为人们的自我利益通常会相互冲突。

当一个人的首要关注点是潜在的冲突时,正式的行为规则就会被视为是必要的。而当一个人的关注点集中在人们共同的兴趣和需求上时,规则和其他的约束就显得不那么重要了。男性重视规则和公平的原因,是他们在发展过程中获得了一种"独立"取向。这种取向下的社会化生活需要一个复杂的道德体系来对人与人之间的关系施加客观的影响。相比之下,"联系"取向则不需要这样的正式规则体系。相反,它需要的是对他人需求的敏感性、仁爱精神以及据此处理事务的决心。这些品质在"关爱道德取向"中起着重要作用——这是当代社会中许多女性的典型的道德取向。

为了说明这种性别差异如何影响儿童的道德感,吉利根引用了几个男孩和女孩思考道德困境的例子。其中一例是11岁的艾米与同为 11 岁的杰克的对照。在下面的例子中，艾米把道德困境看作是一个"对不同时间下的关系的叙述"，而杰克把它看作是"人类遇到的数学问题"。

在儿童道德发展研究领域的早期先驱者劳伦斯·科尔伯格设计的经典困境中，一个男人不顾一切地想救他身患癌症的妻子。有一种药物治疗方法，但是掌管药物的药剂师收取的费用这个人付不起。他应该偷药吗？艾米和杰克的回答如下：

艾米：嗯，我认为他不应该偷药。我想除了偷药，可能还有其他的办法，比如他可以借钱或者贷款，但是他真的不应该偷药，可是他的妻子也不应该死。如果他偷了药，他可能会救他的妻子，但这么做他可能会进监狱，然后他的妻子可能会再次生病，他就再也弄不到药了，这可能不是好事。所以，他们真的应该把问题说出来，找其他凑钱的办法。

杰克（认为那个名叫海因茨的人应该偷药）：首先，人的生命比金钱更有价值，如果药剂师只挣一千美元，他还能活下去，但如果海因茨不偷药，他的妻子就会死。（为什么生命比金钱更有价值?）因为药剂师以后可以从有钱的癌症患者那里挣一千美元，但海因茨再也没有妻子了。(为什么没有?) 因为每个人都不一样,所以海因茨不能再拥有他原先的妻子了。

在这个例子中,艾米认为人们可以通过"把问题说出来"解决问题,这与杰克的观点形成了对比。杰克认为,如果人们想要把事情做好,有时必须自己行动,即使是与他人对立。

因为艾米把社会世界看作是一个关系网络,她相信解决问题的办法在于让每个相关的人都知道这位妻子的病情,尤其是药剂师。那么所有处在这种关系网络中的人都会想出一些办法来回应这位妻子的需求。杰克则认为故事的人物之间没有这样的终极一致性。因此,杰克相信,如果海因茨想要保护自己的权利,他可能需要灵活运用法律。通过进行逻辑计算来衡量这位妻子生命的独特价值,杰克得出的结论是,妻子的生命确实是海因茨权利的合法组成部分。

为了体现女性道德发展的特殊属性,吉利根以关爱和关系视角为基础提出了一种全新的道德发展递进阶段。女性的道德发展会经历三个水平,或称为三种"道德视角"。第一个水平是"为了生存而关心自己"的道德。在女孩随后过渡到下一阶段"自我牺牲"道德时,这种做法被斥为是"自私"的。自我牺牲的道德视角主张对他人的幸福承担责任,重视对他人的关心和责任。当一个人意识到自己和他人都需要关爱时,他就会继续过渡到下一阶段。第三水平,即最终视角,是"通过重新理解他人与自我间的联系"来对先前片面的自我牺牲做出调整。这种全新的自我与他人的相互依存感使人能够在适当的时候将自我的需求区分出来,从而达到"关爱活动既施惠他人也施惠自己"。

与吉利根对女性的道德判断一致的是,南希·艾森伯格和她的同事发现,到了十一二岁的时候,男孩和女孩在同情和角色承担的思考上开始出现偏差,女孩会强调吉利根所描述的诸多方面。观察儿童玩游戏时的表现进一步证实了上面提到的性别差异。皮亚杰很久以前就发现,和女孩不同,男孩更倾向于玩有复杂规则的组织游戏。男孩们着迷于游戏程序本身,并乐于创造和协商复杂的正式规则体系。女孩们通常更喜欢二人或小团体游戏,比如一些参与人数较少、形式随意的轮流游戏。但必须指出的是,这只是整个性别群体之间的标准化差异。许多男孩和女孩表现得恰恰相反,也能正常发展。

男孩和女孩的攻击性和同理心取向也存在普遍差异。甚至在很小的时候,男孩就喜欢带有攻击性的、"打打杀杀"的游戏,而女孩则常常回避猛烈的身体碰撞。这种体现在早期游戏偏好上的性别差异可能与荷尔蒙和其他生理因素有关。此外,女孩似乎比男孩更倾向于同理心反应——至少在以某些同理心指标衡量时是如此——

而且也比男孩更倾向于利他行为。（这同样不能一概而论，有些女孩比许多男孩更有攻击性，而一些男孩比许多女孩更富有同理心。）此外，男孩比女孩更倾向于做出与男性形象相符的利他行为——比如搬运行李、保护兄弟姐妹或帮助老人过马路。

关于这种普遍的性别差异，还有一个最重要的问题尚未解答：它们与可变的社会化模式之间有何关联？当女性进入类似于男性传统上所扮演的社会角色时，她们在道德取向上会更像男性吗？或者，只要照看孩子的责任仍然由母亲承担，母亲与孩子之间无法回避的现实关系（如母亲与女儿的相似性，及母亲与儿子的相对性）是否会让这些性别差异持续下去？这是一个关乎未来后代的重要问题。它的最终答案会决定是否对社会变革施加限制以及施加何种程度的限制。

我们有充分的理由相信，在新的社会环境下，道德取向上的性别差异会很快消失。（这并不难理解，因为道德取向的性别模式首先是通过男孩和女孩的不同社会体验产生的。）我们知道，当妇女进入传统上为男子预留的职业时，她们的道德取向就会拓展，吸取与男性道德有关的公正因素。女性律师在对公正和权利的理解方面和男性律师同样深入。研究表明，有相似职业经历的男性和女性在道德判断的测验中得分基本相同。尽管关于这一点的证据还不清晰，但一般来说，当我们把担任家庭传统角色的妇女与从事传统男性职业的男性相比时，会很容易发现上面所描述的这类差异。

此外，我们知道文化差异会加大儿童道德取向的性别差异。人类学家们已经指出，在传统文化中，男孩和女孩价值观的差异要比西方技术社会中明显得多。在非洲和亚洲的农业地区，女孩往往比男孩更体贴，更有合作精神。虽然在西方，男孩和女孩之间也存在这种差异，但其程度要小得多，男性和女性在这一方面更多呈现的是相似的部分。

这种文化差异可能反映了农业社会和西方社会的父母对子女期望上的差异。在非洲和亚洲的许多地区，父母期望女儿把大量时间用来帮助照料弟弟妹妹。但他们不期望儿子这样做。在西方社会，父母对子女的期望也有一些类似的不同——例如，女孩做更多照看婴儿的活儿。但总的来说，在西方，男孩和女孩更多的时间是用来在学校上课，或者与同伴一起玩耍，而不是帮助母亲抚养弟弟妹妹。在传统文化日益"西化"的一些国家，父母对女儿的期望已经发生了变化，男孩和女孩的道德取向的差异正在缩小[①]。

因此，社会变革如果能导致两性之间更加平等，在社会角色上

[①] Whiting, B. B., and Edwards, C. P., (1988) *Children of Different Worlds*. Cambridge, Mass: Harvard University Press.

更趋于相似，那么它就可能消除道德取向上的性别差异。但如果出现这种变革，把它仅仅视为盲目社会力量的产物，则是错误的。仍有大量的意识问题悬而未决。争论的发生和认识都是人有意识的行为；而这些选择至少在某种程度上，都处在人类可控范围之内。人们在意识上面临的选择是重视或不重视两性之间存在道德差异。毫无疑问，我们应该重视与性别相关的道德取向——公正与关爱，但存在一个严肃问题是，我们是否应该重视与性别有关的道德差异。

吉利根关于关爱道德的描述的吸引力在于，她在一个常被忽视的道德关注领域发现了重要所在。女性可能比男性更多展现出关爱道德增强了这一吸引力，因为它表明，这种关注一直以来被忽视，主要是因为女性在社会中相对来说是弱者。吉利根的独到之处在于采取一种与弱势有关的取向，并将其视为一种道德力量。事实上，在阅读吉利根的作品时，我们经常会感觉到，就两种道德取向而言，关爱代表更大的美德。

无人能否认，就像女性重视公正一样，男性也会重视关爱。变幻不定的社会体验可能会使女孩倾向于一端，而男孩倾向于另一端，尤其是在为女孩确立更多养育职责和期望的文化环境中。这种取向上的差异本身存在任何社会价值吗？值得保留给后代吗？我本人对此表示怀疑。关爱和公正的价值绝非水火不容，两者都应该在孩子身上培养。如果这意味着模糊两性之间的差异，那对双方都有好处。它有助于消除限制女性机会、导致女性地位低下的性别刻板印象。男孩和女孩的道德意识也会因此而提高。通过消除儿童价值观中与性别有关的限制，我们可以为孩子们提供最好的机会，让他们将道德视野扩展到人类潜能的最大限度。

当且仅当性别对儿童所在的社会环境产生影响时，性别才能影响儿童的道德取向，因为孩子们的道德思考和行为是由他们的社会体验促成的，而不是直接由性别来决定。因此，性别只是可能影响儿童道德发展进程和取向的人际关系特征之一，在如此环境下这些特征也就具有了社会或文化的意义。从这个角度来看，具体特征本身是次要的：关键的变量是赋予所有这些特征最终重要性的社会规则、价值观和期望。事实上，这就是现代人类学家所说的任何文化的本质在于其独特的意义体系，而不在于任何特定的行为模式。世界各地的文化意义体系可以而且确实存在着巨大差异，儿童道德的形成亦如此。正因为这样，一种全面的道德发展观要求我们考虑与我们自身完全不同的文化视角。

一个很好的例子是，生活在印度部分地区的儿童对待某些社会规则的态度极其认真，而在西方儿童眼里，它们只是些无关紧要的社会惯例；反之，那些在西方社会标准下被认为是严重的违法行为，这些印度孩子则表现出道德冷漠。理查德·施威德将美国儿童的道德观念与他在印度实地考察时观察到儿童的道德观念进行了比较①。同其他许多非西方社会一样,印度把道德规则看作是自然世界秩序的一部分。这意味着许多印度人不会像西方人那样区分行为、道德和社会的规则。例如,在印度,对诸如食物禁忌和婚姻限制等习俗的违反会受到与故意伤害罪同等严厉的处罚,并且会被视作是对自然的违背,就像企图亵渎人的身体一样严重。社会规则被认为是一直就有的,就像万有引力定律:"人彼此联系的形式被认为是人们发现的(自然法则),而不是人们建立起来的(约定论)。"

施威德的一项发现表明这类文化特质已经彻底渗透到儿童的道德观中。在采访了一些 8 至 10 岁的印度儿童后,施威德按照从孩子们认为问题严重性从高到低的顺序,对一些社会和道德问题进行了一次总排名(共 39 个)。例如,这份名单中排在最后的几个问题,甚至被孩子们判定为没有违反任何重要规则。表 6.1 给出了其中 12 个问题作为示例,是按照它们在施威德的总表中的出现顺序排列的。括号中的数字代表它们在总表中的确切排名。

---

① Shweder, R., Mahapatra, M., and Miller, J. (1987) Culture and moral development. In J. Kagan and S. Lamb (Eds.) *The Emergence of Morality in Young Children.* Chicago: University of Chicago Press.

表 6.1　12 种过错

由印度婆罗门的 8—10 岁儿童按照从最严重（1）到最轻（12）的顺序排列。括号中标出的是每种过错在包含 39 个过错的总表中的排名。

1. 父亲死的当天，长子理了发，并吃了鸡肉。（总表中排第 1 位）
2. 一个女人煮了饭，想和她的丈夫及丈夫的哥哥一起吃。然后她就这么做了。（总表中排第 6 位）
3. 从前一个医生的女儿认识了一个捡破烂的，并爱上了他，决定和他结婚。她父亲反对这桩婚事，想从中阻拦，因为那个小伙子是个捡破烂的。尽管父亲强烈反对，姑娘还是和小伙子结婚了。（总表中排第 10 位）
4. 一个乞丐带着他的妻子和生病的孩子挨家挨户乞讨。一个户主没有给他任何东西，把他赶走了。（总表中排第 12 位）
5. 某一家庭中一个 25 岁的晚辈对父亲直呼其名。（总表中排第 13 位）
6. 一个穷人在一场事故中受了重伤，去医院治疗。医生拒绝给他治疗，因为他付不起医疗费。（总表中排第 15 位）
7. 一位妻子在家中和朋友们一起玩牌，而她的丈夫在为他们烧饭。（总表中排第 18 位）
8. 一位父亲让儿子去邻居的花园里偷花。男孩照办了。（总表中排第 19 位）
9. 两个人申请同一份工作。其中一人是面试官的亲戚，所以他就得到了那份工作，虽然另一个人在测试中得分更高。（总表中排第 21 位）
10. 有人给一个 14 岁的男孩寄来了一封信。男孩到家之前，他父亲把信打开并读了内容。（总表中排第 34 位）

续　表

11. 一个年轻的已婚女人事先没有告诉丈夫，独自去看了一场电影。回到家以后，她丈夫警告她说："你要再这么做，我就要狠狠打你一顿。"但她又这么做了，他果然狠狠打了她一顿。（总表中排第35位）

12. 一个男孩逃学。老师告诉了男孩的父亲，父亲警告男孩不要再逃学了。但男孩又逃学了，于是父亲用手杖打了他。（总表中排第37位）

出自 R. Schweder M. Mahapatra J. Miller（1987）Culture and moral developmen. In J. Kagan and S. Lamb（Eds）The Emergence of Morality in Young Children. Chicago：University of Chicago Press.

从这份清单上我们可以看出，这些印度儿童更担心某些违反饮食禁忌的行为，而不是不友善行为或家庭暴力（在一些情况下他们认为这些行为是恰当的）。此外，依据着装、清洁和家族角色标准所评定的妇女行为得体也排在较前位置。

在同样的问题上，美国儿童的排名与印度儿童有很大不同。美国儿童强烈反对被印度儿童认为"不是过错"的行为，相反，他们对被印度儿童看重的标准表现得不以为然。两种文化间的道德关注虽有一些重叠，但并不多（见表6.2）。这些数据清楚地表明，在施威德的研究中，印度儿童和美国儿童有着不同的道德观。

表6.2　美国儿童和印度儿童在一些是非问题上的观点对照

分歧（印度儿童认为正确，美国儿童认为错误）：
杖击逃学的孩子
用手抓饭吃
父亲拆儿子的信

分歧（印度儿童认为错误，美国儿童认为正确）：
直呼父亲名字
吃牛肉
大便后不换衣服就做饭
父亲死后理发，吃鸡肉

共识（美国儿童和印度儿童都认为错误）：
不理睬乞丐
违背承诺
毁坏他人的照片
踢无辜的动物
偷花

共识（美国儿童和印度儿童都认为正确）：
男人握手

其余26个过错，两组儿童内部也存在分歧。
出处同表6.1。

对于习惯将道德视为自由选择的社会契约的西方人来说，印度人的信念呈现出了一种新的世界观——这种世界观并不易与个人良知所珍视的自主等观念相协调。然而，许多人认为这种世界观与我们自己的世界观同样理性和实用，而且的确有相当多的人持有这种世界观。对于学习在一种文化中生存的儿童来说，它会带来相似的成长挑战。我们无法全面地了解这些挑战，除非我们能体验它在世界各地文化中所呈现的多种形式。

在第 4 章中，我们看到了不同的养育模式是如何以不同的方式影响儿童的道德取向。有些育儿行为（比如使用或不使用表扬）源自世界各地具体的文化条件和习俗。这些父母的行为会把标准传递给孩子，以此确保其在文化中的延续。

尽管有这些文化背景差异，我们仍怀疑是否存在不受时空限制的道德发展的核心要素。是否有一套全世界文明人都公认是必要的道德原则？或者，如果没有这样的原则，是否存在其他诸如普遍适用于所有人类生活的道德发展过程，或是对典型道德事件的一套普遍的情感反应？一组人们从道德上看来十分关键的基本问题？世界各地的儿童在成长过程中都会遇到的一系列道德理念和价值观？

我们感兴趣的并不是相对主义与普遍主义之间辩论的细节——辩论的很大一部分是围绕技术和定义上的问题，诸如如何界定"道德领域",让其区别于其他社会调控体系；我们感兴趣的是这场辩论阐明了儿童道德的多样性。因为在为各自的普遍主义或相对主义立场辩论的过程中，社会学家已经扩展了我们对儿童道德倾向的看法。施威德在印度和美国的调查显示，在人们判断行为对错方面确实存在着明显的文化差异。这些差异可以通过两种文化中儿童及成人间的比较看出。对于来自一种文化，对另一种文化不熟悉的人来说，许多差异看上去是令人惊讶，甚至是震惊的。

例如，在某些情况下，男人可能会痛打他的妻子，这对大多数西方人来说是一件令人反感的事情。施威德发现印度一些地区的儿童把这列入道德关注的最低等级之列，甚至不认为这是违反道德原则（见表6.1）。与之相反的是，这些孩子认为寡妇吃鱼或父亲死后马上理发是对道德最严重的违背。可想而知，美国儿童强烈谴责殴打妻子的行为，同时认为在任何情况下都可以吃鱼和理发。

这两组儿童的观点有重叠之处，例如，他们都认为违背承诺和不理会可怜的乞丐是错误的。如果在其他文化中的进一步研究对这些问题揭示出相似的一致性，那么这些观点或许可以列进"普遍道德问题"的备选名单中。在重叠观点清单中，至少有一项——乱伦，已经被许多人类学家认为可能是一项普遍的禁忌。但施威德特别指出，双方共同认为的违反道德行为在各自文化中都不是最关注的问题。即使这些违反道德行为可以被证明普遍而言是重要的，但它们也不像那些具有文化特性的观点那样引人注目。（遗憾的是，施威德没有在他的清单中列出一些既可能是普遍的、同时又特别引人注目的违反道德行为，比如谋杀或折磨无辜的人。）

施威德认为，道德原则中具有文化特性的内容是合理的，并且是必要的，即使这些内容在这一文化之外的成员看来很奇怪。如果西方人完全理解家庭尊重、饮食禁忌和男女关系不对等对印度文化的重要性，那么印度儿童道德上的习俗看上去就会更合乎情理。施威德认为，用这种方式，西方人就有可能对饮食方面的习俗，甚至夫妻之间偶尔的暴力行为做出合理的解释。关键在于整个社会秩序建立在观念的基础上，这些观念决定了这些引起质疑的文化特性原则。

不用说，印度人不认为殴打离家的妻子是人身侵犯。他们认为，殴打未经允许去看电影的妻子，大致相当于对未经允许离开军事基地的士兵进行体罚。对他们来说，在家庭与军队之间存在着合理而有趣的类比关系（成员各司其职、等级制管理、分派任务等）。对印度人来说，家庭不是平等个体之间的自愿结合。

我们这些有普遍主义倾向的人拒绝接受这种合理化解释。我们认为，像殴打妻子这样的暴力和性别歧视行为，无论其文化或历史根源如何，在任何情况下都是不道德的。即使在孕育这种做法的社会里，也有许多人站在道德的立场公开反对这种做法。例如，印度国内对臭名昭著的男性"烧新娘"传统的抗议日益高涨，这种传统是一种敲诈新娘家人持续支付嫁妆的手段。

这些争论将普遍主义者置于一种通常令人尴尬的境地，因为他们这样做就等于谴责世界上多数人世代以来采用的做法。相对主义者反过来又指控那些评判另一社会传统做法的人为精英主义和不够包容。但即使那些传统社会的成员也并非统一赞成全部的文化惯例。每一个社会里都有批评家、怀疑论者和变革家。例如，印度总理最近谴责了印度许多传统习俗中固有的性别歧视："在这个社会中，女性是最没有优势、最受歧视的。这是一种耻辱，是我们的思想和心态落后的标志。"

当然，儿童很少做出这样的元文化判断，因为他们对道德问题的了解要么来自文化中的直接体验，要么来自与父母和同龄人的交流，而这也是文化的一部分。儿童会又快又好地学习所处文化的道德内容。到5岁时，印度儿童和美国儿童都已经对他们的文化惯例和观念非常熟悉了，从而对道德问题做出前后一致的与文化相适应的反应。随着儿童年龄的增长，他们在问题的反应上体现出更多的前后一致性和相对统一性。成年人与他们的文化同胞有着同样的道德是非观。这意味着，作为一个群体，一种文化中的成年人和儿童在许多道德观点上可能而且确实与另一种文化中的成年人和儿童大相径庭。

有趣的是，印度儿童和美国儿童在看待各自文化道德标准的普遍应用方面也存在差异。在施威德的样本中，美国儿童比美国成年人更有可能坚持全部道德标准都应适用于所有人，不管在任何情况下。相比之下，当面对现实生活中的复杂情况时，美国成年人倾向于修改标准。这些成年人似乎在表达共同的感怀——在我们的社会中，这种感怀会从成年人传递给孩子——理想在现实世界中并不总是奏效，有时妥协或变通的解决方案才是最好的选择。

印度儿童关于道德普遍应用的看法和美国儿童完全相反。在美国的样本中，普遍道德的想法在儿童中远比在成年人中更普及，而在印度的样本中，随着年龄的增长，人们越来越倾向于将自己的道德标准应用到所有可能的情境中。这些数据表明了一种有趣的可能性：在不同的文化中成长，不仅意味着获得不同的道德价值观，而且意味着对道德的普遍性有完全不同的取向。或许，在世界的某些地方，道德成熟意味着一个人越来越想使自己的道德信念普遍化，而在其他地方，道德成熟则意味着将一个人的信念灵活应用于一系列不断变化的情境中。

美国文化以其实用主义倾向而闻名，道德妥协常常被视为成熟的现实主义的一部分。它的反理想主义伦理观可以借用鲍里斯·帕斯捷尔纳克的小说《日瓦戈医生》中的一段话来概括："如果他真的想做好事，除了他的原则之外，他还需要一颗能够违背这些原则的心——一颗只知道特殊情况，不知道一般情况的心，这样的心能够通过小的行动成就大事。"

很明显，存在着另一种世界观。道德成长可以被理解为对道德问题形成一种更加统一和坚定的看法，而不是日益擅长于做出道德选择，以满足眼前的特定需求。支持这两种观点的主张都有，而这些主张部分源于孕育这两种观点的文化环境。

在像印度这样的文化中（如施威德所发现的），具有文化特性的惯例具有最深刻的道德意义，在这种文化中，反思者的任务是找到这些惯例背后的普遍原则。某种饮食习惯或婚姻习俗对大众有什么好处？对一个渴望自我反省道德意识的人来说，其成长发展的任务就变成了一种创造性的任务，即把至今以来都被严格定义的具有文化特性的规则和惯例普遍化。

相比之下，西方的道德学说倾向于把诸如公正和幸福等抽象原则提升到比传统和习俗更高的道德地位。以简化和提炼的形式，孩子们在他们的游戏中很快学会了这些原则:第 2 章和第 3 章中讨论的关于儿童早期分享行为和同理心行为的证据就是例子。然后,问题就变成了如何将这些原则应用到一系列日益复杂的具体社会问题上,以及如何将这些原则与其他社会期望(如着装规范、礼仪规则,以及其他社会惯例和习俗)相协调。这就变成了一种对道德理念的应用、解读和修正的练习,从而走上一条寻找相反目标的不同成长发展道路。

其他跨文化研究的最新发现表明,西方人将道德与惯例和习俗相分离的倾向可能不会为世界上的大多数人所接受。此外,许多第三世界国家在社会化实践中积极向儿童灌输尊重文化中的传统规则和惯例的观念,就像尊重诸如公正等抽象道德原则一样。

卡罗琳·蒲柏·爱德华兹对 28 名年龄在 7 至 16 岁之间的肯尼亚儿童进行了记录观察,以从中寻找"道德经历"[1]。这些儿童住在一个总共大约只有 250 人的小村里。爱德华兹特别感兴趣的是能揭示这些肯尼亚儿童对攻击、规则、父母命令和当地习俗态度的事件。通过观察,爱德华兹发现一个会频繁交流正确行为标准信息的

---

[1] Edwards, C. P. (1987) Culture and the Construction of moral values. In J. Kagan and S. Lamb (Eds.) *The Emergence of Morality in Young Children*. Chicago: University of Chicago Press.

社会世界。不仅父母教导孩子，孩子们也互相教导该做什么，不该做什么。教导中混合着命令、威胁，以及真实的体罚。这些具有约束性的教导推进了各种各样的标准，从禁止侵犯他人到衣冠整洁以及尊重财产。这些社会标准被一以贯之地大力执行。社会的礼仪标准似乎同公正和福利的标准一样，受到了严格维护。事实上，关于身体伤害的道德标准似乎存在一种奇怪的矛盾心理。虽然侵犯行为受到大力阻止，但也被广泛地用作一种强制和惩罚手段。这种文化中年轻成员接受和遵循的信息是，有时殴打他人是对他们违反道德行为的一种恰当回应。

这个肯尼亚村庄的儿童和成年人都参与教导和执行所有道德标准。孩子们渴望扮演强制执行者的角色，这无疑说明他们已经学会了这些标准。他们是否在所有情况下完全"内化了"这些标准，这一点不得而知。在爱德华兹的例子中，一些年轻人在担任执行者角色时，似乎太急于依靠暴力，因此经常被成年人纠正。毫无疑问，随着孩子们年龄的增长，他们会学到更多关于在他们的文化中允许体罚的标准。

爱德华兹在肯尼亚的观察结果，就像施威德在印度的调查结果一样，证实了许多文化中的儿童在成长过程中，与西方儿童所经历的道德优先考虑事项截然不同。因为这些文化把道德规则当作自然世界秩序的一部分，所以他们不像西方人那样区分各种形式的社会规则。对违反文化惯例的行为可以像对企图伤害他人行为一样予以严厉制止，甚至可以通过体罚进行强制。在这样的文化中，道德的发展意味着对从小就被教导的"自然"规则怀有敬畏之心，并对这些规则对于该文化中生活方式的重要性有基本了解。

非西方文化社会的成员非常看重社会惯例，因为他们欣赏传统在维护家庭关系和社会秩序方面的作用。社会惯例是社会极其重要的特征，这一社会建立在人与人之间相互依赖，而非彼此独立的基础之上。接纳社会惯例是自然道德规则的基本组成部分，有助于维持人类相互依存精神。罗伯特·莱文和梅里·怀特写道：

人类学领域的研究者长期以来一直宣称，不同的非西方社会……不像西方那样，把个人和群体之间的界限划分得那么清楚……如果成员或亲属犯了罪，人们要一起受到惩罚……当被问及对某一问题的看法时，年轻女性会让调查人员去问她公公，也就是一家之主，而不是自己回答……那些行为符合社会惯例的人被认为是明事理的，因为他们是在维持意味着长治久安的社会联系……

对西方人处理道德和社会惯例问题的研究揭示了完全不同的情

形。艾略特·图列尔认为，在西方社会中，儿童能清楚地将有关公正和福利的道德问题与穿着、饮食和举止等社会惯例（如对别人说"请"和"谢谢"，或称呼成年人为"先生"和"夫人"）区分开来。图列尔发现，只有5岁大的美国儿童就能区分道德规则和传统惯例，并认为道德规则更重要。在操场上，美国儿童会自己执行道德标准（不要打人；远离自行车），却不太注意违反社会惯例的行为。另一方面，美国的成年人不断敦促儿童遵守社会惯例，却经常让儿童自己解决他们之间的公平和攻击问题。

从儿童的角度看，这种道德规则和传统惯例的双重体验给人留下的印象是，道德可以直接从一个人遭遇的不公和被攻击经历中推断出来，而传统惯例必须通过社会交流来传递。道德是儿童日常生活中的一部分，而惯例则是成年人喋喋不休的话题。这让孩子们觉得道德是社会规则的真正手段，而惯例则带有一定的强迫性，是个人兴趣以外的东西。这种意识贯穿于道德发展的整个过程中，造成了西方人把道德和惯例进行明显区分的（带有歧视性的）局面。

如前所述，作为一名社会学家，我的信念是，为了理解现实社会环境中的道德行为，我们必须理解这两种立场之间的对立关系。在理解跨文化背景下的道德行为时尤其如此。通过仔细研究特定文化中所持有的独特的道德信念，同时确定适用于不同文化间的可比较的道德标准,我们就可以阐明儿童道德在不同社会环境中发展所呈现的相似性和差异性。

有效地解决竞争的文化立场之间的对立是一种科学客观性的实践,是值得称道的。但科学客观性并不意味着,作为教育者和父母,我们必须在普遍主义和相对主义之间保持中立。科学客观性也不意味着任何形式的价值观中立。启蒙道德教育要求我们充分利用社会科学知识;但这并不要求我们放弃我们的价值观。当我们致力于在家庭和学校探索一种开明有效的道德教育方法时,作为对相对主义的一种姿态,我们不需要对我们的价值观进行改造,甚至都不需要对其降低标准。

第 7 章
CHAPTER7

促进儿童道德成长

如果要对儿童的道德成长做出积极贡献，父母和学校就必须了解儿童的道德发展需要。道德成长的首要发展条件是充分参与建立在儿童初生的道德情感基础上的各种社会体验。为了给儿童创建充分参与和道德学习的环境，成年人必须对儿童采用"尊重参与"的做法……

首先，我相信有一个想法是大家普遍认同的：我们希望尽一切可能促进我们孩子的道德成长。此外，我相信我们社会中的大多数成年人会认同道德成长的许多关键因素。例如，几乎所有的成年人都同意孩子应该诚实、善良、公平、有责任心、尊重社会规则和权威。当然，我们在对这些美德的诠释和设定优先次序方面存在差异；还有很多存在争议的道德问题，比如性别、信仰和政治观点，这些都会使我们产生分歧。但我们不应该让这些分歧影响我们对许多有共识领域的关注。在对儿童道德持有的很多最根本的期望中，我们都有着相似的目标和愿景。

那么，为什么我们不能发动一场统一的运动来鼓励下一代的道德成长呢？当面对现今年轻人在很多情况下表现出道德冷漠（在很多情况下，甚至是道德沦丧）的迹象时，为什么我们，作为一个社会，几乎处于麻木状态？当然，我们的麻木并不是由于对我们最广义的目标存在困惑或争议。谁也不想把孩子培养成一个撒谎、欺骗、偷窃、行为粗鲁或拒绝在家庭或学校承担责任的人。我们都不希望我们的孩子无视成年人对吸毒、酗酒、鲁莽驾驶、不负责任及危险的性行为或任何形式的反社会行为的禁令。作为一个有着如此明确的共同目标的社会，为什么我们不能为了促进儿童道德发动一场"道德之战"呢？

问题不在于我们目标的强度和清晰度，而在于我们理解的程度。我们缺乏对儿童道德及其发展根源的知识。目前公众中盛行的"大多"观念要么带有偏见，要么基于过时的心理学理论。由此产生的曲解往往比我们的常识直觉更偏离事实真相，尽管我们的常识直觉本已杂乱和偏颇。最先进的社会科学研究虽然可以纠正这些曲解，但除了在新闻中偶有报道之外，我们很少有机会听闻。

许多关于儿童道德发展的流行谬见，都以这样或那样的形式存在已久。不足为奇的是，它们往往相互矛盾，因为它们产生于关于人性的截然对立的观点。以下是一些可能会出现在公共讨论和媒体报道中的较为流行的谬见。

1. 孩子天性都是善良的，但一旦受到不良社会影响，就会变得道德败坏。

2. 孩子生来就具有先入为主的不道德倾向，道德意识必须在违背他们个人意愿的情况下,从外界强加于他们。

3. 父母对孩子的道德品质负全部责任。

4. 对于孩子的道德品质,任何人都无能为力,因为他们的性格是通过先天因素形成的,而这些因素在很大程度上是任何人都无法控制的。

5. 孩子们的同伴会对他们的道德判断和行为产生有害的影响。

6. 为了他们的道德成长,需要让孩子们远离传播不良道德价值观的电视节目、电影或音乐表演。

7. 道德教育意味着告诉孩子们我们社会所持有的价值观和对他们所期望的美德。

这些观念表面上看起来似乎非常好。毕竟,它们都反映了成年人想认真而努力地保护和促进儿童的道德感的良好愿望。但是,在我们致力于儿童的道德教育的时候,若受到这些观念的影响,效果可就没有那么好了。首先,它们会使我们的努力付之东流,甚至造成适得其反的结果。另一方面,它们相互间的矛盾会分散和消耗我们的精力,使我们几乎不可能采取有效而专注的行动。因此,它们会妨碍我们通过直接、明智的措施去改善孩子的道德生活。

让我们以一种更为牢靠和统一的知识基础作为开端。我们从科学研究和观察中知道,儿童道德发展的特征可以总结为以下原则。因为这些原则是相辅相成的,而不是相互冲突的,所以它们可以同时用来对道德成长做出合乎逻辑的、内在一致的解释。此外,它们可以为全面了解儿童道德教育奠定基础。

1. 仅仅通过参与基本的社会关系,儿童就会遇到人类面临的无处不在的经典道德问题:公平、诚实、责任、友善和服从。因此,道德意识来自儿童"内部"的日常社会体验。它可能需要进行改善、引导、提醒和增强,但不需要从外部进行强加。

2. 儿童的道德意识取决于对观察到的事物和经历事件的自然情感反应。这些反应早在婴儿期就开始了。无论是正面的还是负面的,都可以很强烈。有些情感反应可以促进道德同理心和亲社会行动,如同情。还有一些情感反应,比如羞耻、内疚和害怕,会促进儿童学会服从和遵守规则。此外,儿童对父母的爱和依恋也为他们养成尊重权威的品德奠定了情感基础。

3. 与父母、老师和其他成年人的关系使儿童认识到重要的社会标准、规则和惯例。此外,这些关系促进了儿童对社会秩序本身的了解和尊重,包括其组织原则和合法的权威。在权威型的成年人与儿童的关系中,成年人对儿童提出坚定的要求,同时他们之间会就这些要求的本质和公正性进行明确的沟通，这会对儿童的道德判断和行为产生最积极的影响。

4. 与同伴的关系使儿童认识到直接互惠的准则以及分享、合作和公平的标准。在同伴关系中，儿童发展了与他人互动的新规则。其中一些规则只有在儿童的社会世界中才有用，但另一些却是永久性的：尤其是通过与同伴接触最初培养出来的平等意识和互惠意识，最终会将儿童的许多其他关系转变成更加平等和亲密的形式。此外，同伴关系培养的换位思考技能也增强了儿童的道德意识，提高了儿童助人行为的有效性。

5. 由于儿童道德的形成会受社会影响（尽管并非完全由其决定），社会体验的广泛差异可能导致儿童道德取向的广泛差异。其中一种差异体现在男孩和女孩所承担的角色、承受的期望以及受到的其他待遇上，尤其是在更加传统的社会环境中。这可能导致女孩的道德关怀取向，以及男孩的道德规则和公正取向，正如我们已经观察到的那样。另一种差异是，在世界上的许多非西方文化中存在与西方文化截然不同的社会规则和价值观体系。这可能会导致不同文化背景下的儿童采取有着很大不同的道德优先考虑次序。但我们也有理由相信，这种由社会所衍生的取向会随着文化的变化而发生社会性的转变。在一种摆脱了传统性别角色的文化中，男孩和女孩完全可以同样发展道德的关怀取向和公正取向。同样，来自所有文化的人都能够而且真正做到欣赏真理、人类福利和公正等普遍的道德价值观；在社会变革和进步的条件下更应该如此。

6. 学校环境中的道德成长受到某些发展过程的支配，而这些发展过程同样适用于其他任何环境中的道德成长。这意味着儿童通过积极参与成年人与儿童以及儿童与儿童的关系获得道德价值观，因为这些关系能支持、促进和引导他们自发的道德取向。给儿童上道德课或者说教几乎不会对他们的道德产生任何影响，因为他们只是被动的接受者，甚至是带着反抗情绪被强迫接受的听众。此外，就像儿童的其他社会生活一样，优秀的校园互动传递给儿童的道德信息比老师的讲解效果更加持久，不管这种讲解是多么的清楚明了。仅仅通过灌输和口头指示来培养儿童的道德价值观是不可行的。为了在社会中充分开展道德教育，儿童必须理解价值观中所隐含的开放、平等的互动程序。只有通过频繁参与建立在这一程序基础上的社会交往，才能获得对此的充分理解。

因此，儿童的道德是情感的、认知的和社会力量的产物，这些力量汇聚在一起，产生了一个不断发展的道德意识。儿童一开始对社会事件有一些自然的情感反应；这些情感反应通过社会体验获得支持、改进和提升。在这种社会体验过程中，儿童积极参与同伴关系以及和成年人的关系，一直在观察和理解由此产生的互动。从这个由参与、观察和理解编织的网络中，儿童发展了持久的道德价值观。

对于成年人来说，有很多方式可以建设性地参与这个过程；但也有一些方法是无效的，甚至适得其反，譬如我们在第 4 章所看到的"专制型"养育模式的有害影响。我们还看到了另一种形式的父母介入产生了类似结果，即那种被称为"宽容型"的过分保护孩子的养育模式。这类错误并不局限于家庭。许多学校也在犯专制型或宽容型错误。前者体现在他们以一种呆板和（对学生）武断的方式执行自己的道德规则；后者体现在经常让违反规则的学生免受责罚。这两种做法都没有给儿童提供多少机会培养对许多合理的道德规则的尊重，而正是这些一贯适用的道德规则将我们这个社会世界紧密联系在一起。

如果要对儿童的道德成长做出积极贡献，父母和学校就必须了解儿童的道德发展需要。道德成长的首要发展条件是充分参与建立在儿童初生的道德情感基础上的各种社会体验。为了给儿童创造充分参与和道德学习的环境，成年人必须对儿童采用"尊重参与"的做法。

道德教育必须是成年人与儿童合作完成的"事业"。儿童需要成年人的引导，但为了让引导发挥作用，儿童必须有效参与；为了实现这种参与，儿童自身的主动性和反应必须受到尊重。因此就有了"尊重参与"一词。这种做法与自由放任的浪漫主义形成了鲜明对比。后者认为，让孩子们自由自在，他们才会有最好的表现。这也与宽容的保护主义形成了鲜明对比，保护主义认为，儿童无法应对直接对其道德上成功和失败做出的反馈。此外，"尊重参与"做法也与那种认为儿童可以通过被动地听从和盲目地服从权威人物的命令来学习道德价值观的灌输方法相反。

下面我所提倡的道德教育策略，是从上面总结的道德发展原则中提炼出来的。其中一些措施已经在学校项目中进行了试验，第8章将要讨论这些内容。我相信，这些项目代表了迄今为止道德教育工作者所设计的最好方法。下面的一些其他措施世代以来已经被父母和老师非正式地使用过，但是从未被系统地应用于大范围的教育环境中，也没有得到充分的记录、评价或传播。还有一些措施是全新的，还未被尝试过，但也是建立在可靠的理论和研究之上。

这些策略共同构成了一种综合方案。因此，当它们作为有机整体而不是彼此孤立地被应用时，将会取得最好的效果。学校内外道德教育方面的努力会产生叠加的效应，这并不是因为反复听到同样的事情会给儿童带来益处，而是因为道德在很大程度上是调整基本价值观以适应各种社会环境的问题。当儿童在多样化的社会环境中体验道德思想和道德情感时，他们的道德意识也会相应地扩大。此外，儿童的自然道德反应通过多元的社会支持得到加强，这种社会支持可以通过许多不同类型的同伴关系以及成年人与儿童的关系获得。同理心反应可能会得到同伴的掌声和父母的默许。任何出于道德责任的行为也是如此。这些支持是儿童道德品格的基石。

虽然儿童对道德体验有自然的情感反应，但是儿童必须学会如何管理这些反应。首先，儿童必须学会将他们的道德情感导向有效的社会行动。其次，他们必须学会调节自己的情感反应。原始的情感——无论道德敏感性如何，都不是做出判断和采取行动的可靠指南。

最重要的是，儿童必须学会将他们的情感反应转化为推动有效行为的道德动机。这需要既能感受情感反应，又能在必要时使其缓和的能力。情感反应不能失去，但必须置于切实了解社会行动限度的角度之下。

一个人若没能学会如何有效地调节自身的道德情感，就会带来各种各样的危险。在一种极端情况下，一个人可能会压抑——或不发展自己的道德情感，以至于使之无法辨识。其结果是一种全面的道德麻木，导致羞耻感和内疚感减弱，以及同理心减少。另一种极端情况是，一个人可能会让自己的道德情感失控。这种过度的道德情感主义可以呈现许多反常的形式。其一是一种永远无法满足的、让人倍感折磨的内疚感。一个常见的例子就是许多成功人士所感受到的"存在的"或"幸存者"内疚感。心理治疗师会遇到很多更为严重的例子。另一种形式的过度道德情感是针对他人而不是自己：一种富于攻击性的道德愤怒感，会持续伴随一个人的人际交往和观察。充满内疚感和满腹牢骚的道德过度表现都会损害一个人与他人有效交往的能力。

毫无疑问，儿童很小的时候就能学会调节道德情感的策略。此外，这样的学习最好尽早完成，因为这可以帮助儿童避免形成适应不良的人格模式。罗伯特·霍根和他的同事已经确认了三种模式，如果不加以预防，这些模式可能会在青春期早期出现[1]。第一种是根深蒂固的"道德现实主义"模式：即对他人的需求麻木不仁，同时伴随着较强的规则意识。霍根指出："道德现实主义者可以成为优秀的官僚和警察；但在规则不公正或功能失调的情况下仍然服从规则，这么做本身可能损害社会福利。"第二种适应不良模式是

---

[1] N. Hogan, R. Elmer, N. and Johnson, N. (1978) A socioanalytic theory of moral development. *New Directions for Child Development*.

"道德热情"：高度的道德敏感伴随着糟糕的社会视角。"道德热情者坚持传统道德，并且本意很好，但他们没有内在转化道德的能力。由于视角的单一，他们总是忙而无功……正是他们的热情降低了行动效率。第三种模式是"道德狂热"：具有强烈的道德敏感，但对社会规则或自我在社会中的正确角色知之甚少。"狂热分子是城市中的不安因素，他们打着社会公正的旗号对抗权威。"我想在这份清单上再加上第四种模式：道德自我放纵，即把自己的需求放在道德关注的核心。道德放纵者会对影响到他们自身或那些与他们关系密切的人的不公正感到愤怒，但对其他人的困境却无动于衷。当代美国的一个例子是那种对富人的税收负担深感同情，却对穷人和无家可归者的悲惨状况视而不见的政治家。

儿童的情感调节模式适应性无论好坏，都与他们的成长方式直接相关。鲍姆林德倡导的权威型养育模式会预防适应不良的道德情感模式；正如鲍姆林德指出的，权威型养育模式能培养社会敏感、自我意识，以及对规则和权威的尊重。其中的关键是权威型养育在家庭生活中建立起的控制和理性的有效结合。

权威型养育模式的诸多优点之一，是它给儿童提供了一个公平且坚定的现实规则。这使儿童远离对内在情感反应的过分依赖，从而转向一个以他人为导向的道德中心。儿童通过家庭中处于权威地位的成年人提供的榜样、建议和禁令来学习理解自己的道德情感。这反过来又帮助儿童通过符合家庭结构的行为来调节自己的道德情感——例如，服从、服务，以及其他有利于家庭福利、秩序与和谐的行为。

权威型养育意味着，首先要让孩子面对不良行为的后果。这意味着坦诚地表达自己对孩子错误行为的情感反应，并明确解释产生这种反应的原因。它还意味着始终如一地执行对孩子的要求，既包括肯定的要求（坚持让孩子承担对自己和家庭的责任），也包括否定的要求（对不良行为说不）。

在今天的文化中，许多父母认为这样的要求和约束妨碍了儿童自发性创造力的成长。如今，当孩子表现不好时，许多父母都不愿表现出自己的真实反应。他们既不要求孩子做出成熟行为，也不能前后一致而坚定地对孩子说不。这些都是当代美国家庭中最普遍的观点和行为模式。但是，在所有关于创造力及其发展的心理学文献中，我完全不知道有任何科学证据支持这一观点。相反，却有几个通过经验证实的好理由使我们相信，不执行这些要求和约束会使儿童面临严重的人格风险。

不执行这些要求和约束带来的问题是，它让孩子们把自己的情感反应置于道德关注的核心。孩子们将只能学会倾听自己内心的反应，成为道德上的自我参照。因此，他们不会养成尊重成年人或其他权威人士的习惯。他们可能会在晚些时候发现，如果不在口头上或行为上满足比他们更强大的人的需求，他们就无法满足自己的愿望。但这只能教会他们工于操纵、虚伪，并最终搪塞自己和其他人。

如果允许孩子们成为他们道德上的自我参照，不管表现得多么糟糕，他们都会否认自己做了错事。在他们看来，他们没有做错什么。因为他们没有对他人产生足够的尊重，所以他们不太在意别人的想法（只要他们能满足自己的愿望）。因此，别人的意见，以及外在的证据，和他们的内心感受相比，都是次要的；为了增强这些感受，孩子们会告诉自己需要听到的东西。这种情感上的自我放纵——由过分宽容的父母培养出来——导致了自我欺骗的重复模式，以及不愿与他人真诚交谈。它还滋生了对他人意见的傲慢漠视和夸大的自我价值感。

相比之下，那些被给予明确且始终如一的期望的孩子能内外兼顾地调整自己的情绪。他们将学会以合作而不是操纵的方式去适应规则和约束。他们的自愿服从是出于真正的理解和同意，而不是为了做给别人看。在这个过程中，他们变得适应他人导向的道德情感：同理心、羞耻感（对来自他人的尊重的关注）以及内疚感

(对凌驾于个人私欲之上道德原则的关注)。在权威型养育模式的鼓励下，孩子对他人的尊重促进了他们的道德情感。权威型父母和孩子之间的坦诚交流继而帮助孩子以一种有效的方式调节这些情感。

权威型养育模式是一种普遍的行为和观念模式，与前面介绍的尊重参与的首要原则是一致的。与这一原则一致的还有一些更具体、更有针对性的措施。这些措施服务于相同的目的，无须在个体亲子关系中做整体性改变。所有这些措施都遵循"尊重参与"的基本原则，即在不干扰孩子自身体验的情况下，对孩子的体验做出回应，同时给予孩子始终如一的期望、指导方针和解释清晰的成熟见解。

我的第一个具体建议是，父母应该坦诚地与孩子分享成年人对自己生活中事件的道德反应。分享情感反应意味着在适当的时候表现出这种反应，给孩子清楚地描述出来，坦诚地回答孩子们的有关问题。这样做的目的是给孩子们机会观察他们所尊敬的成年人是如何管理道德情感的，从而为孩子们提供调节情感的范例。

这听起来似乎很简单，然而，在当今的美国家庭生活中，这条建议可能是我提倡的所有措施中最不为人所遵循的。在我的观察中，目前的流行做法是让孩子们远离成年人真实的情感反应。具体手段有很多，原因也有很多。做父母的可能不希望让孩子们看到他们的内疚、愤怒、恐惧或怀疑。然而，这种亲眼所见正是孩子们学习如何处理自己的道德情感时所需要的。让我们举一个例子来说明这一点。这个特殊的例子是虚构的，但它确实代表了我在个人生活和职业生涯中所观察到的一些真实情况。

史密斯医生是一名牙医，他在家中的一间办公套间里经营他的诊所。他对他的个人所得税采取了一种他称之为"冲账"的办法，那就是把他们家的园艺费、修理费、水电费和其他家庭开支都归到他经营诊所的费用上。有一年冬天，他带着家人去加勒比海参加一个专业会议。他再一次采取了冲账的办法，把整个旅程的开销，包括他家人的大部分开支都从税中扣除了。当他的名字碰巧出现在美国国税局的审计报告中时，史密斯医生的许多抵扣都被认定是不恰当的。他被迫补缴了相当多的税款，还因虚报开支而被判罚款。税收账单和罚款足以大幅削减这家人未来几年的支出计划。因为这件事，孩子们意识到家里出了一些问题，并多次要求解释。

现在史密斯医生为他的不端行为感到难堪，他不希望孩子们认为他们的父亲是一个不诚实的人。他担心这会给他们树立一个不好的榜样，当然，他更希望避免暴露这一情况，以免感到更难堪。他也觉得自己有些冤枉——不是说国税局的判决有误，他承认这个判决原则上是正确的，而是说在有那么多"阔佬"滥用税收系统的情况下，国税局却单单不放过他。简而言之，史密斯医生的心中五味杂陈：尴尬、自怜以及恼火。关于这一事件，他不知道该如何向孩子们解释清楚，觉得在他们面前"保住面子"很重要。因此，他阻止家人议论这件事，只是坚持对他们说，他的生意"出了些差错"，这是他的私事，最终会得到澄清的。

史密斯医生采取的做法在我们的社会中可能很正常，我当然理解他的苦衷。但我认为这是一种错误，因为他不得不因此欺骗孩子们，哪怕这种欺骗是无意的。孩子们总有办法最终发现家庭问题的真相，而当他们意识到他们的父亲欺骗了他们时，这件事对他们的负面影响比事先告诉他们事情真相的影响更糟糕。史密斯医生的行为也剥夺了孩子们获得道德教育的宝贵机会。

如果他选择了向孩子们坦诚自己的感受，他的孩子们本可以从这次事件中学到很多东西。首先，他们会看到，即使是正派、能干、受人尊敬的成年人，有时也会遇到棘手的道德问题。他们会发现，像诚实和欺骗之类的道德问题常常有模糊性，可以有不同的解释——而一个人自己的解释往往必须屈从于权威人士的裁决。他们会看到他们的父亲在努力接受权威的决定，也许会看到他从这次事件中学到了一些东西。最终，他们会看到他是如何调节自己对这种难题的情感反应，坦然面对它的。成年人能给予孩子们的最好的学习机会，莫过于让他们亲眼目睹对重大挑战的成熟应对能力。

敞开心扉的另一个教育益处是它能传递一个信息：诚实是一种美德。如果说实话的做法在家庭中没有得到持之以恒的实践，宣称这么做的价值就无法令人信服。成年人通常认为，为了保护孩子们免受所看到的不良事件以及负面情绪的伤害，必须对他们掩盖真相。然而，就像上面的例子一样，那些让孩子们避开的事物和情绪往往能够提供最有成效的道德教训。此外，当孩子们意识到真相被掩盖时——他们最终会意识到——他们获得的恰恰是错误的道德信息。对父母来说，坦诚地交流问题和情感似乎需要勇气，不容易做到，而且令人尴尬，但这是成年人能够给予孩子的最有效的教育礼物之一。

应该鼓励儿童认识自己的道德情感，并敦促他们在生活中和成年人讨论这些道德情感。这样做的目的是（1）支持和培养儿童的道德反应；（2）帮助儿童识别这些道德反应；（3）鼓励儿童表达他们在思想上和行为上的道德反应；（4）帮助儿童控制他们的道德情感，以便使这些情感的表达造福社会。

当前，令人吃惊的是，人们尝试鼓励儿童认识他们的道德情感的努力做得少之又少。据我所知，没有任何正式的道德教育项目的目标是针对儿童的道德情感的。在与孩子们讨论道德问题时，父母通常也不会这样做。一般来说，父母和其他成年人更习惯于给孩子们下达指令，而不是询问孩子们自己的感受。

成年人对儿童道德情感的漠不关心或许是可以理解的，因为成年人对大多数道德问题的了解要比儿童多得多。但是只有儿童可以监控他们自己的内在道德反应。为什么学会识别和解读自己的情感对儿童如此重要，这就是原因之一。另一个原因是，调节个人情感对任何人来说都是一项艰巨的任务，无论是儿童还是成年人。早期的学习对掌握这项任务起着至关重要的作用，可以防止日后失败的重大风险出现。

我们知道，童年时期关于道德问题的情感困惑如果任其持续下去，可能会转变成持久的心理冲突。这方面的一个例子是某些形式的严重的神经质的内疚。对儿童来说，把因做错事引起的内疚感和害怕受责罚的恐惧感混淆，这是正常的，也是无害的。这种儿童时期的情感混淆还会受到第 5 章中提到的名为"内在公正"的认知混乱的助长。儿童认为，违反道德不可避免地会导致身体上的某种悲惨后果：例如，如果一个孩子说谎，他就会被掉落的树枝砸到。当儿童有足够的经验认识到人们有时会——至少在身体上——"逃脱"不良行为时，他们就会克服这种认知混乱。但是，这种相关的情感混淆可能会持续下去，损害一个人日后的幸福感。人们在童年过去很长时间之后，如果做了一件他们感觉错误的事情，还会经历一种难以消除的恐惧。这种现象是很常见的。这就是为什么在有问题的青少年和成年人的心理体验中，内疚和恐惧经常被混淆。在极端的情况下，他们往往会夸大自己行为的重要性，这种由内疚感引发的恐惧可能会变成一种广泛而严重的焦虑。

早期的内省和自我监控经验可以帮助儿童识别他们自然产生的内疚感和其他道德情感。成年人可以帮助儿童识别他们的情感——通过和他们一起讨论他们的情感，向他们介绍他们可能还不知道的个中区别，并从成年人自己的生活中举出相关的事例。这反过来又能帮助孩子们将他们的道德情感与他们对身体方面的恐惧区分开。当咨询者抱怨难以控制的恐惧和痛苦情感混在一起时，就需要进行这类心理疏导。但是，良好的早期教育经历可以预先排解这些困惑，阻止其延续到成年阶段，从而不至于对一个人的情感稳定构成持续的威胁。孩子们可以学会适应自己的内心情感。这样一来，他们就可以学会将自己的道德情感转化为建设性的社会行动，而不是将它们转化为过度的、有害健康的恐惧。

因为道德从根本上来说与一个人对他人的义务有关，它不能仅仅通过内省和识别出内心的情感得到发展，无论这些情感的道德取向多么明显。对儿童进行情感自我监控的训练可以使他们控制和有效地引导自己的道德情感，但这本身是一种不完整的教育措施。儿童不仅要学会适应自己的情感反应，还要学会适应他人的情感反应。这样做有助于纠正在个人对事件的情感反应中常常会出现的不平衡和歪曲现象。为了防止出现这种不平衡，儿童必须学会接受来自他人的情绪表达的输入，在适当的时候调整自己的情绪。然而，他们还必须学会认识到，在特定的场合，当他们自己的反应提供了最真实的道德指标时，他们有时能够抵御来自他人情绪表达的干扰和"噪音"。

应该让儿童有机会将自己的道德反应与他人的道德反应并行考虑。这将使他们意识到，他人的兴趣和信念往往会与自己的冲突。这也会使他们能兼顾自己和他人的情感，并理解两者之间的关系。所有这些都有助于儿童建立一种概念性和人际的平衡，这种平衡对于成熟地理解和欣赏公正是必要的。

建立这种平衡并非易事。毫无疑问，这是一项终生的任务；但是，和所有重要的发展性目标一样，这项任务最好尽早开始。这需要以下核心要素：（1）意识到他人的情感；（2）意识到自己的情感；(3) 知道如何将两者联系起来，即知道将它们进行比较，发现它们可能相互影响的方式；(4) 内心有一个"道德指南"，这个指南能使儿童做出重要选择，知道何时该顾及自己的反应，何时该顾及他人的反应。

前三个要素可以通过训练儿童社会角度换位思考能力来解决。第四个要素，一种内在的"道德指南"，只能通过一种成熟的公正感来建立。换位思考和成熟的公正感都需要强大的思维和情感意识。两者都包括认知活动，在其中儿童的道德理解和道德情感的发展过程是相互渗透的。学校的教育项目（在第8章中将会看到）非常有助于提高他们的道德理解水平。父母应该支持这些项目，并通过在家庭中进行有意义的讨论来增强其效果。

鼓励儿童勇于为自己的善行或不良行为承担责任，是促进儿童道德发展的最有效的助推器。对善行负责意味着以有效的亲社会行为回应他人的需要。为不良行为承担责任意味着在做错事时勇于承认错误，接受公正的惩罚，并在可能的情况下对错误行为进行补偿。这种责任感会深入道德品质的核心——我们普遍将其称为"道德高尚"。如果一个人缺乏为自己的行为担责所必需的人格力量，那么即使是最具同理心的情感反应、最敏锐的意识，或者是最善意的动机，都对社会公益没有多大帮助。

父母在培养孩子的道德品质方面当然有一定的作用。权威型养育模式对培养孩子的社会责任感和个人责任感有重要贡献。但社会整体的养育模式是根深蒂固的，不会轻易改变。在家庭或学校里，还能做些什么来培养孩子的品质，培养他们承担道德责任的意愿呢？

培养道德品质是没有捷径可走的。要在这方面采取积极步骤，可能需要我们在对待孩子的方式和对他们的要求上做出艰难甚至重大的调整。要在我们的下一代中培养责任感，唯一令人满意的方法是为他们提供认真承担这种责任的机会，并让他们知道，我们期望他们在实践中会这样做。

尊重参与的原则在这里再次发挥了作用。鼓励孩子们承担责任在一定程度上意味着给予他们责任，而这又意味着相信他们能应对自如。因此，孩子们被作为可能负责任的人而受到了尊重。但这种尊重也伴随着一定的社会压力。我们必须期望，有时是坚持让孩子们接受而不是忽视他们的道德责任。这就需要尊重参与。

这些不会轻易实现，尤其是对于生活在当代西方社会的人来说。科技和生活水平的提高带来的福利之一是在家务和工作上减少了对孩子的依赖。在许多农业社会中，父母会给孩子分配很正式的家务活儿：照顾弟弟妹妹，协助管理家庭事务，等等。人类学家指出，这种付出对培养孩子的社会责任感有积极的影响。即使在西方社会，就在不远的过去，孩子们还普遍被认为要服务于家庭的基本经济需要。随着社会的进步，我们变得有能力让我们的孩子摆脱这种服务，为他们提供了更长的时间用于他们自己的教育和自我发展。但是，我们为此也付出了代价，那就是消除了许多能让孩子们自愿承担责任的经历。

我认为我们仍需像从前那样要求孩子们承担些服务，即使不是出于经济原因，也是为了他们自己的道德福利。儿童和青少年当然应该有充足的时间去探索、玩耍和接受教育。但是童年和青春期不应该只是用来自我放纵，甚至只是用来追求个人技能和才华。为了道德品质的最佳发展，孩子需要在年幼的时候就体验真正服务的责任和回报。

只有通过真正的服务，孩子们才能学会懂得，什么是别人依靠他们，什么是被赋予重要的职责，什么是为成功接收表扬或为失败承担责任。很明显，我并不是提倡重新使用童工：我的建议只是明智地分配任务，把儿童的社会性发展和智力发展作为最重要的目标。这样的任务需要根据每个孩子的能力进行调整。但我们期望的本质必须改变。我们不应该认为要让孩子尽可能长时间地免于真正的义务，我们需要做的恰恰相反：一旦他们准备好了并能够履行这些职责，就把重要的职责委托给他们。这样，道德责任就可以从小养成习惯，并为培养坚韧的道德品质铺平道路。

第 8 章
CHAPTER8

在学校里传授道德观

如果要儿童成为一个自主的道德行为主体，就必须尊重和培养他们自己做决定的能力。但绝不能让孩子们误以为他们所做的一切决定都是正确的。成年人必须让儿童参与反馈、讨论、推理和辩论，以便清楚有力地传达成年人的立场……

道德教育是学校教育的基本组成部分。在努力营造有利于学习氛围的过程中，教师们不断提醒学生讲究秩序、尊重他人、遵守职业道德、诚实守信、有责任心。努力学习、保持安静、守时、尊敬老师、服装整洁、乐于帮助同学、不作弊不偷窃不打架，这些都是老师们普遍要求的标准。在这个过程中，基本的道德价值观被传递给年轻人。这些价值观，隐含在学校设置的每一个程序和要求中，都是从学校赖以生存的文化中提取出来的，并且在大体上与这种文化的价值观保持一致。学校为学习和掌握这些价值观提供了一个重要的训练基地。

作为一种孩子们在白天的大部分时间里都待在其中的机构，学校在致力于思想和智力技能传授的同时，也向孩子们宣传了社会普遍认同的价值观。学术成就和"书本学习"本身而言就是价值，它们同时也是人类的选择问题。学校的存在本身就说明社会认可了这些价值。这就是为什么学校一直是，也将永远是，承担道德教育的原因之一。

然而，学校是否应该花时间直接传授道德价值观，这仍是悬而未决的问题，如果是肯定回答，那又该传授什么样的道德价值观。由于当下的社会环境，这些问题变得越来越紧迫。观察家们屡屡担心当下社会年轻人的道德堕落问题。滥用毒品、犯罪和青少年怀孕现象比比皆是；真正追求理想的人似乎很少。针对这种担心，教育工作者开发了专门致力于道德成长的项目。

许多学校已经采用了这样的项目，也有很多学校拒绝采用。也许所有的教育工作者都想知道，这样的项目是否能够缓解当今学校和社会中普遍存在的社会问题。一些人认为特殊的道德教育项目有可能解决这些问题，而另一些人则认为这些项目纯粹是浪费时间，甚至反而可能培养错误的价值观，把有关孩子们真正责任的错误信息传递给他们。

这场辩论中缺失的是对有用的科学知识的明智运用。通过对学校的研究和观察，我们充分掌握了反应各种道德教育项目效果的直接证据。此外，本书中所描述的各项研究为我们提供了一个关于儿童道德以及培养儿童道德最佳条件的扎实知识基础。我们可以轻易地从所有这些研究中获得一些结论，这些结论为我们解决当代道德教育及其最佳开展方式的问题提供了答案。

20世纪70年代和80年代，在北美的学校中广泛流行两种专注于儿童道德培养的方法。这两种方法有很多共同点，尤其是在使用启发性问题、课堂讨论和训练策略方面。两者都旨在让孩子们更深刻地认识到各种价值观在社会生活中的重要性。但这两种方法之间存在深刻的理论分歧，以至于向孩子们传递的道德观点也存在巨大差异。第一种方法被称为"价值观澄清法"，即价值观澄清。第二种方法是道德教育认知发展法。

价值观澄清法是由路易斯·拉思斯、梅里尔·哈明和西德尼·西蒙在1966年出版的一本很有影响力的书《价值与教育》（*Values and Teaching*）中提出的。这本书反映了当时的许多流行观点：孩子应该自由选择自己的价值观；"教化"和"灌输"对智力成长是有害的；学校应该努力培养自尊和个人自由，而不是特定的态度或信仰。这种方法是坚定的"价值观中立"。若依据第6章中关于道德哲学的讨论，这是一种极端的相对论。

价值观澄清法的三个重要目标是选择、奖励和行动。应鼓励儿童（1）从尽可能多的选择中自由选择他们的价值观；（2）奖励和肯定他们的选择，不论是什么样的选择；（3）在日常生活中始终如一地践行他们的价值观。

这种方法并不先入为主地为孩子们识别或证明这些价值的性

质。事实上，恰恰相反，教师应避免过于直接的问题或评论，以免暗示某些价值观比其他的更有优越性。重点是要阐明各种可能性，以便孩子们能够自己做出明智选择。这样一来，任务就变成了帮助孩子不再对自己的选择感到担忧，以及帮助他们通过言语和行为表达自己的价值观。

为了实现这一目标，教师们被给予了一系列的课堂教学策略。其中最普遍的是"澄清式回应"。当一个学生说了或做了包含某种价值观的事情时，老师要问一个没有明确态度的问题，以鼓励学生更充分地讨论这种价值观。可以问学生这些问题：这种价值观是什么意思，他是否考虑过其他选择，他是如何接受这种价值观的，他对这种价值观作何感想。

老师采用这种教学策略时要注意两点。首先，澄清式回应必须避免"说教、批评、给出价值观或做出评价"，成年人要避免使用"好""对"或"可接受"之类有暗示态度的词。其次，由回应引发的交流必须简短。一定不要让学生们感到迫于场景压力而说一些套话——"避免说教的做法是提出几个问题留给学生们思考，然后继续课堂教学。"因此，老师的澄清式回应和随后的简短讨论被认为是"不完整的讨论"。下面是两个例子：

例 1

学生：我相信所有人生来都是平等的。

老师：你这么说是什么意思？

学生：我想我的意思是所有人都一样好，没有人应该比他人更优越。

老师：这个想法是否意味着我们的世界需要一些改变，甚至是在这所学校和这座城市？

学生：是的，有很多需要改变之处。想让我举几个例子吗？

老师：不，我们得回到拼写课上了，但我想知道你是否在致力于这些改变，在现实中促成它们的发生。

学生：还没有，但我可能很快就会去做。

老师：我明白了。现在回到拼写词汇表上吧。

例 2

老师：格伦，你说你在政治观点上是个自由主义者？

格伦：是的。

老师：你的想法是从哪里来的？

格伦：我想主要是来自我的父母。

老师：你对其他立场熟悉吗？

格伦：嗯，算是吧。

老师：我明白了，格伦。好了，同学们，回到今天的作业上来。

有时老师们自己会通过计划好的"价值观讨论"来介绍价值观。老师们在此会再次被提醒，不要把孩子们引向既定的是非观念。当然，当讨论转向会触及孩子们痛点的问题时，这对老师来说是一项艰巨的挑战。在接下来的讨论中，教师努力保持自己作为课堂秩序维护者的角色，同时仍然克制住对诚实的普遍价值表明立场：

老师：你们有些人认为应该诚信考试，对吗？（有些学生肯定地点了点头。）还有些人认为不诚实也没关系？（有少数学生犹豫了一下，微微点点头。）我想你们中的一些人并不确定。（有些学生点头。）那么，还有别的选择吗？还是这仅仅是一个要么诚实要么不诚实的问题？

山姆：你可能会在某些时候诚实，在另外一些时候不诚实。

老师：同学们，这听起来像是一种可能的选择吗？（学生们点头同意。）还有其他可供选择的可能吗？

特蕾西：你可能会在某些情况下诚实，在另外一些情况下不诚实。例如，当一个朋友问我对一件很丑的衣服的看法时，我就不诚实，至少有时是这样。(她的话引起一阵笑声。)

老师：同学们，这是一种可能的选择吗？(学生们再次点头。)还有其他选择吗？

山姆：在我看来，你要么诚实，要么不诚实。

老师：等一下，山姆。像往常一样，我们首先要寻找这个问题中存在的各种可替代的选择。随后……你们可以讨论这个问题，看看能否做出选择，能否让你的选择成为你实际行为的一部分。这是你们必须为自己做的事情。

金吉尔：这是否意味着我们可以自己决定是否应该诚信考试？

老师：不，这意味着你可以决定它的价值。我个人看重诚实；虽然你可以选择不诚实，但我坚持认为我们在考试中要诚实。在你生活的其他方面，你可能有更多不诚实的自由，但一个人不能在任何时候做任何事情，在这门课上，我期待诚信考试。

金吉尔：但是我们如何自己做决定呢？你不是在告诉我们应该看重什么吗？

老师：不完全是。我并不是想告诉你们应该看重什么。这取决于你们自己。但我的意思是，在这门课上，而不一定是在其他地方,你必须诚信考试,否则就会承担后果。我只是说,如果没有诚实的原则,我就不能举行考试。所有选择不诚实作为一种价值观的同学可能没有机会在这里实践它,这就是我要说的。其他同学还有问题吗?

除了进行这些类型的公开讨论,老师还可以让孩子们读我们称之为"价值单"的故事和问题。故事可能讲述的是人们在收费亭逃费,两个朋友戏弄一个外人,或者某人对陌生人的呼救没有回应。孩子们被要求写下他们对这些事情的看法。通过这种方式,每个孩子都有机会直言不讳地表达自己的价值观。在随后的个人反馈环节中,老师可以帮助每个孩子进一步理解孩子们写下的话语中所包含的价值观。

还有其他形式的练习,包括写日记、课后采访父母和其他成年人、作报告和课堂演讲。所有这些策略都能帮助学生了解世界上各种不同的价值观,以及帮助他们在这些价值观中自由地选择立场。理想情况下,学生们会意识到价值观在日常生活中有多么重要,意识到自己的价值观是什么,愿意根据其他可能性重新审视自己的价值观,并承诺按照自己最终选择的价值观行事。

价值观澄清法已经进入了美国的公共教育领域,因为它避免了关于社区学校里应该信奉哪些价值观的争论。它尽可能不去推崇任何价值观，只是暗示一个观点，即价值观本身是重要的。

但这种方法的"价值中立观"本身也存在问题。老师和其他成年人一样，是孩子们的榜样。如果老师公开对道德问题持保留意见，他会向学生传达什么样的信息？这事实上是否在训练学生容忍所有的价值观，无论是对还是错，是善还是恶？老师怎能不采取诚实的立场呢？难道真的不存在一些对我们的社会重要至极，对整个人类社会重要至极的价值观，以至于与之相对的中立立场在道德上是不可接受的吗？

在我们阅读上面的师生澄清式对话时会引出一些问题。例如，当一个孩子正要主动说出他将如何改变世界的想法时，提前结束一场关于价值观的对话似乎很奇怪（例1）。显然，这是为了表明孩子必须自己解决这些问题。但是把这种思考看作是个人内心的选择合适吗？难道成年人不应该借此机会为孩子们提供更直接的指导吗？人们当然可以理解为什么老师会避免评论自由主义的合理性（例2）。但是，当这个问题转变为像"诚实"这样被普遍接受的美德时（例3），回避表达自己的道德信念本身似乎就是一种道德选择——而且是相当不负责任的选择，因为成年人引导孩子了解道德秩序的基本前提是十分重要的（见第4章）。

与价值澄清法不同，认知发展法假定某些道德立场确实比其他道德立场好。在成长过程中，儿童自然而然会倾向于获得更先进的思维方式。从发展的角度来说，这些先进的思维模式在道德上优于之前的模式，因为它们解决了更广泛的社会问题，自我导向性变弱，而且更强烈地反映了普遍价值。正如我们所看到的，随着孩子们的成长，他们会重新构建关于同理心、公正、权威和友谊的观念。这些变化可以表现为道德观念和社会观念的递进序列。这类序列背后的假定原理是，高水平的观念比低水平的观念更令人信服，也就是说，发展意味着改善。

从认知发展的角度来看，教师的工作是"促进道德成长"，而不是简单地鼓励孩子们接受他们自己自由选择的价值观。道德成长意味着对更高的道德判断水平所代表的价值观具有明确的方向性。例如，诚实和不诚实并不被视为两种具有同等道德地位的选择。诚实是更好的价值观，因为它显示了对他人知道真相权利的尊重。获得更复杂的道德判断模式意味着学习如何在日益复杂的生活环境中奉行诚实等基本价值观，并与其他基本价值观相协调。但这并不意味着要对这些价值观的道德正确性含糊其辞。

认知发展法鼓励教师不仅要让孩子参与道德讨论，而且要把这种讨论作为培养更高形式道德判断的机会。这是通过让孩子们接触诸如"加一匹配"之类策略中包含的更高一级推理形式来实现的。在关于价值观的辩论中，老师衡量学生道德判断的典型发展水平。然后，老师引入另一种观点，这种观点来自于仅比学生发展水平高一层次的道德判断立场。老师的评论是与学生的判断水平相"匹配"的，但更先进一些。实验研究表明，"加一匹配"策略是引导道德发生积极改变的最有效手段。

理想情况下，匹配策略既能激励孩子们重新审视自己的价值观，也能向他们暗示更好的道德判断模式。例如，当一个孩子说，如果有人伤害了你，报复是最好的策略时，老师该如何回应呢？老师知道报复行为是非常复杂的问题。它与一些相互冲突的目标相关联：得到报复的"痛快"、实施惩罚性公正以及为进一步的不当行为设置一个预防性遏制因素。另一方面，当一个人拥有慈善和仁义之心，并且认识到报复将导致敌对行为永不休止地循环下去时，必定会修正其报复行为。老师可能会觉得孩子们的话反映了他们对这些问题缺乏理解。例如，孩子们可能还不理解金规则（见第5章）里关于慈善的信息，而老师可能认为这比以牙还牙的报复更为重要。因此，教师的工作是培养孩子们用一种新角度看待报复，这种角度包含了金规则里的道德信息，并将这一信息与孩子们的其他现实关注联系起来。

为了实现这个目标，老师可以这样开始："如果我是你回击的那个男孩，你的行为就会给我一个反击你的理由，这样你们就会回到原点。"接下来可以问一些探索性的问题："如果你是另一个孩子，你会有什么感觉？""哪个更重要，是伤害做错事的人，还是阻止他们做错事？""如果是你挑起了这场争斗，那么对另一个人来说，最好的解决办法是什么？"

这种引导性的陈述和问题可能会让孩子们意识到金规则背后的真正原理。对于一个以前只知道以牙还牙交换规则的孩子来说，这可能是一个重大的进步。然而，这种教导不会给孩子们灌输一套社会正义理论，因为这样的理论将远远超出孩子们的认知能力。因此，认知发展法提倡将教学目标与孩子们的发展水平相匹配。

事实上，老师在课堂对话过程中评估孩子们的判断能力既非易事，也不是总能做到。老师们太忙了，课堂里发生的事情又往往让人猝不及防，以至于无法进行这样的评估。事实上，即使只是为了这个目的而暂时中止课堂活动，教师现场评估学生道德判断水平的可靠性充其量也是不可靠的。因此，"加一匹配"仍然是一种理想的方法，并且需要受到认知发展法中的其他几种教学技巧的支撑。

其中最常见的技巧是由教师引入的关于道德困境的同伴课堂讨论。学生之间相互讨论如何最好地解决涉及道德主题的冲突。教师的角色是发起讨论,并从学生的表述中总结出理由。在这样的讨论过程中,许多相互矛盾的观点将得到表达。当学生思考这些冲突时,他们会重新审视自己的观点,并开始塑造新的观点。教师鼓励学生深入地阐述自己的观点,从而使小组成员之间可能存在的冲突变得更加尖锐,以此促进整个过程。但是,与价值澄清法不同的是,教师公开自己对辩论问题的道德立场。

能对这些讨论方法进行补充的是间接辅导的技巧,这些手段据说能促进发展过程。例如,由于角色扮演已被证明是道德判断的核心要素,老师就给孩子们分配不同的角色进行练习,既有真实的角色,也有想象的角色。同样,也有一些训练孩子们的同理心、倾听技能和沟通技能的练习,所有这些都被证明对更高一级的道德判断的形成是重要的。另外,可以引导孩子们去阅读大众读物,这些读物所体现的道德价值相当于或略高于孩子们的发展水平。

这其中的很多技巧确实与价值观澄清法里所使用的技巧有一些相似之处。关于道德问题的课堂讨论、角色扮演和同理心训练,以及倾听技能的练习,都在这两种方法中发挥了作用。不同之处在于教师在这些练习和其他练习中所传达的最终信息。价值澄清法的目标是意识、宽容和个人选择。认知发展法的目标是获得更高层次的道德判断。这就是为什么采用后一种方法的老师组织的课堂讨论更具指导性。当他们认为有必要这样做时,他们会提出暗示性的问题,指出矛盾,并直接维护基本的价值观。

已经出现一些评估这两种方法的效果和有效性的研究成果。教育心理学家艾伦·洛克伍德回顾了这些研究成果,并审视了这两种方法的提倡者声称的所有益处[1]。来自价值观澄清法的益处有:提高自尊、改善个人适应能力、提高阅读能力、培养价值观意识以及对科学和生态的态度、改善课堂行为、减少药物滥用。来自认知发展法的最主要益处是道德判断的成熟。从现有的大量证据来看,价值观澄清法显然没有达到其宏大的目标。与此相反,认知发展理论确实达到了;但它的目标可能不是那么宏大。

例如,几乎没有证据表明价值观澄清法能够提高儿童的自尊或改善个人适应能力。对阅读能力和科学态度的影响也小得让人怀

---

[1] Lockwood, A. L. (1978) Effects of values clarification and moral development curricula on school-age subjects: A critical review of recent research. *Review of Education Research*.

疑。最大的问题是，该计划对价值观缺乏影响，而价值观则是重中之重。正如洛克伍德所说的："基于这些研究，没有证据表明价值观澄清法会对学生的价值观产生系统性的、明显的影响。"一个令人欣慰的发现是，老师们认为孩子们在课堂讨论中的行为确实有所改善。然而，这种改善的行为仅限于这样的课堂讨论，不会普及到孩子们其他的在校时间；它也不会带来其他好处，比如减少药物滥用。

另一方面，有相当多的证据表明，认知发展法确实能激发孩子们的道德判断。这种方法中最有效的技巧是直接讨论。在一位熟悉发展理论和目标的老师的带领下，系统化的道德讨论项目可以稳定地促进儿童道德推理技能的显著提高。间接的技巧，如角色扮演、同理心和沟通训练，也很有效，只是有效性不如前者那么稳定。无论是直接技巧还是间接技巧，孩子越小，受益越大。

剩下的主要问题是，认知发展训练所培养的判断能力是否会对现实世界中的道德（和不道德）行为产生影响。这种方法的实践者没有仔细研究这个关键问题："如果能确定道德推理的变化与行为、情感和认知领域内可见或可推断的变化的相关性，研究人员将做出一项重要贡献。"在他们完成这件事情之前，我们没有任何证据证明教给孩子道德推理所具有的最终价值；缺乏这样的信息，学校很可能会认为，采用重点关注道德推理的道德教育项目的理由不足。

然而，并非所有当代的道德教育方法都局限于判断和推理。目前，美国各地的学校都在尝试建设"道德品格"，鼓励道德行为，甚至改善课堂的"道德氛围"。这些方法在某种程度上相互冲突，因为它们各自的理论基础相互冲突。虽然它们的根源可以追溯到最早期的公共教育，但最近的尝试是非常新的，并没有经过精心设计的研究进行充分评估。

教育家爱德华·韦恩认为，道德推理项目并不能实现品格教育的目标①。韦恩指出，美国早期教育的"伟大传统"是，学校毫不含糊地推崇诸如守时、整洁、尊重权威和讲真话等美德。遵守规定会获得奖励，违规者受到惩罚。强调的是培养良好的行为习惯，而不是培养复杂的推理能力。这是1880年至1930年期间，在二战后青少年犯罪率、自杀率、药物滥用和怀孕率急剧上升之前。

这种传统的道德教育形式和当时年轻人似乎更加社会化的行为之间有什么联系吗？韦恩认为是这样，尽管数据并不支持他的观

---

① Wynne, E. A (1986) The great tradition in education: Transmitting moral values. *Educational Leadership*.

点。早先讨论过的哈茨霍恩和梅做的大型研究专门调查了接受过正式品格教育培训的学生的行为。哈茨霍恩和梅发现，上这类课程与学生的良好品行（如诚实、负责任）之间几乎毫无关系。事实上，一些人将公立学校传统品格教育的衰落归因于哈茨霍恩和梅广为流传的报告的影响。

但韦恩和其他人认为，教育机构过早地放弃了这些努力。"具有讽刺意味的是，哈茨霍恩和梅的研究结果与这个伟大传统并不矛盾。传统强调道德的形成是复杂的。要想见成效，道德培训必须循序渐进、手段多样、广泛实施、坚持不懈以及严格要求。"短期实验很可能会忽略这些效果。长年累月频繁而持续的指导确实可以培养学生良好的价值观和习惯。

韦恩呼吁回归"品格教育"的方法，即关注儿童的行为，并力推传统道德价值观。他认为"灌输"在教育界不应再是一个令人反感的字眼。尽管他没有否认道德判断的重要性，但认为和日常的世俗行为标准相比，道德判断是次要的。韦恩的立场让人想起了斯宾诺莎的一句古老名言："只有穿过习惯的庭院，才能进入理性的宫殿。"

韦恩自己的品格教育工作更多地关注学校环境，而不是个体学生。他和芝加哥地区的一群教育工作者一起，设计了一个名为"为了品格"的学校评比项目。最初由学校自己评估它们在学生道德品格形成方面所做的贡献,后来由一个实地考察团进行评估。品格是"以一种相当传统的方式定义的:不伤害他人、遵守纪律、力争做一个礼貌、诚实、乐于助人的人。"

排名靠前的学校每年都会获奖。优秀的标准包括学校保持的社会和学术的期望。因此,学校不得不问自己以下问题:我们有行为规范吗?这套行为规范是否得到了严格和一贯地执行?家庭作业布置多少?大部分学生都能按时完成家庭作业吗?对表现出色的同学所付出的努力和获得的认可给予嘉奖吗?

学校可能组织的课外社团受到了特别关注。有服务俱乐部、团队运动、学生对学生的辅导项目吗?这些活动是否为学生提供了帮助他人的机会,激发了他们的集体忠诚感?韦恩强调了学校社团和俱乐部在"伟大传统"时期发挥的品格塑造作用:"这些社群是传播价值观的重要参考点,其中,集体忠诚以及集体生活中的各种偶发事件为实践教学课提供了机会。"他认为,在当今的美国,这样的社群同样可以发挥塑造品格的作用。

韦恩的这个评比奖项的作用是为了让某些品质引起公众的注意,韦恩和他的同事们认为这些品质会使严肃的品格教育事业重回美国学校。显然,其中一些品质让人回想起一个逝去的时代。韦恩注意到具有"良好精神"的优秀学校拥有的一些共同特征，其中包括师生有着装规范；经常利用校训、校徽、歌曲；经常举办各种典礼、游行、动员大会和向国旗敬礼仪式；举办师生共同参与的游戏、组织有序的聚会，穿着滑稽服装日等活动。当然，如今在美国的许多学校，这样的活动看起来就像春天郁金香节一样稀奇，但韦恩认为它们有望回归。

这种方法不仅仅是单纯的怀旧。韦恩准确总结出了学校生活所具有的特征，它们使孩子们参与到需要集体合作的活动中来，从而远离专注自我。这是一种与价值观澄清法所提倡的个人自由选择完全不同的道德优先考虑。但这可能是一种与当今时代相契合的方法，就如同"伟大传统"建立的年代那样。

美国前教育部长威廉·贝内特也支持品格教育，并对价值观澄清和认知道德发展等以推理为中心的方法提出了批评。[1] 他认为，首先，这些方法强调个人反思，并忽视习惯养成。其次，它们将道德从真实自然的环境中脱离出来，而只有在那样的环境中，人们才必须做出道德选择。第三，它们把道德表述为一种解决问题和做决定的练习，而不是它原本应为的日常良好行为。他写道：

---

[1] Bennett, W. J. (1980) The teacher, the curriculum, and values education. *New Directions for Higher Education.*

因为价值观教育者把道德生活主要看作是一件对道德难题做出选择的事情，道德的意义就会因此转变成道德的问题。这种"解决问题"法否定了道德中最重要的部分——不是培养作决策的能力，而是培养过去被称为品格，现在也仍可以被称为品格的东西，即性情和品行。道德教育家塑造的道德模范是一个总是在怀疑，在两难境地中苦苦挣扎，试图弄清该做什么的人。我们很少称有道德的人是有责任的人，是有品格和内心平和的人，因为具有优秀品格，这样的人不必每十分钟或每十天就面临一次艰难的抉择。

贝内特认为，道德教育应该渗透到学校的全部课程和日常生活中。为了提高教学效果，只要出现道德问题，教师和管理人员就必须传授价值观，无论是在讨论时事还是在分析古代史和文学作品时。"把道德教育与它自然产生的环境分开是错误的……一旦出现道德问题，就应讨论其重要性，因为它们会不可避免地成为真正的问题。"此外，教师应该明确地捍卫正确的价值观；他们应该在日常行为中体现这些价值观，为学生树立良好的榜样。

贝内特的主张是正确的：孩子们在真实自然的社会环境中学习道德最有效。如果对此有任何疑问，本书中所讨论的研究应该消除这种疑问。但他认为，过多的道德推理和反思可能在某种程度上不利于儿童道德品格的塑造，这种观点缺乏逻辑或经验的支持。

贝内特认为道德反思和道德习惯是对立的。根据所有现有的证据，这种对立并不存在。据我所知，没有研究表明道德反思的发展会妨碍道德习惯的养成。相反，几乎所有的相关研究都表明，高水平的道德推理能力与持续稳定的道德行为相辅相成。道德判断和道德行为在孩子们道德发展的过程中是相互促进的。虽然一方的进步并不一定会导致另一方的进步，但往往会这样；而且没有任何证据表明它们会对彼此产生任何负面的影响。

"公正社群"是道德教育的另一种方法，该方法是以约翰·杜威革新的教育传统为基础，并运用科学的道德发展原则加以修正。这种方法的关键是把学校转变成一个学生能够分享决策权的参与式社群。美国一些地区的学校已经在尝试采用这种方法，并为学生参与学校治理创建了论坛。通常每周举办一次"社群会议"讨论学校的政策和规章制度。学生在这些会议上有发言权和投票权。讨论的话题包罗万象，从在公共场合的行为到有关作弊的规定。这种会议的目的是给予学生一种关于权利和责任的鲜明意识。人们认为，参与制定规则的孩子能更好地理解规则，并且更乐于遵守这些规则。他们也会更乐于执行这些规则，即使这样做意味着要告诫那些违反社群规则的朋友们。科尔伯格指出:"在传统学校里,当警察只是属于老师的一部分职责,不是朋友或其他学生的职责。在现代的学校里,把朋友视作警察是不可取的,然而,让朋友们拥有以下的感觉则是可取的,那就是,共同关心公平问题是友谊的核心,友谊和相互忠诚以某种平衡存在于一个更大的道德社群中。"

当学校规则获得学生和老师的同样认可时,一个"公正社群"就建立了。群体团结和集体忠诚的意识就会培养起来。在这样一种"道德氛围"中,偷窃、暴力和破坏公物等反社会行为通常会受到谴责,因此吸引力就会减弱。此外,常常会引发这类行为的个体间的疏离感也会减少。让学生远离反社会活动是"公正社群"促进道德成长的另一种方式。

科尔伯格的其中一个"公正社群"学校里发生的一次偶然事件说明了基于道德规范的群体团结可以提高学生的品行和价值观。这所学校曾发生过多次小偷小摸事件,主要是学生们互相偷钱和其他个人物品。根据学校制定的目标,学生和教职员工定期开会讨论如何解决这些纪律问题。几名学生提出的初步解决方案是,对任何被抓到偷窃的人都要严格执行惩罚措施。在学生们的大力支持下,这成为学校的一项规定。

然而,偷窃现象却有增无减。一个小女孩钱包里的钱被偷走了

9美元，这引发了新一轮关于偷窃问题的讨论。这一次，这个问题有了不同的处理方式。经过多次讨论，大家认为偷窃既是一个社群问题，也是一个个人问题，因此应该通过一个社群解决方案来解决。因此，全班同学投票决定，除非某一天有人把钱还给那个小女孩，否则所有学生和工作人员都得交出一小笔钱，以赔偿小女孩的损失。这种"偷窃保险政策"让学校的所有成员都感到阻止社群内发生偷窃行为关系到他们的直接利益。一个女孩说："如果你想偷窃，那就在课外时间偷，不要在学校偷。"（当然，我们希望随着道德教育的继续，女孩的反偷窃观点不只限于学校范围之内，而是可以扩展到更大的社会。）至少在学校范围内，"公正社群"策略起了作用：在实施了新的群体解决方案后，偷窃行为显著减少了。事实上，当我记下这件事情时，学校里已经两年没有发生过一起偷窃事件了。没有人能否认，对于一个现代城市学校，这是一项了不起的成就。

除了创建一个公正社群，采用科尔伯格道德教育方法的学校还自由地使用上面所描述的道德发展技巧，包括老师主导的道德讨论、角色扮演练习，以及让学生直面公平和道德选择冲突的课程教材。

科尔伯格的公正社群和韦恩的"伟大传统"之间的对比，就像教育界里的任何其他分歧一样鲜明。他们的许多目标是对立的。同一件事情,科尔伯格看到的是平等参与,韦恩可能看到的是无序;韦恩认为士气高涨的地方,科尔伯格可能会看到空洞的沙文主义。这种分歧是不容易解决的,即使从观察两种方法的结果来看也是如此。这是因为一种方法认为成功的结果可能被另一种方法视为失败。

答案在于能够找出的双方共同关心的领域。这两种方法都认为逃学、偷窃、滥用药物、残忍、暴力和破坏公物行为是年轻人犯的危害社会的错误行为。两种方法都认为道德教育应该纠正这些错误,并且都声称他们自己的方法最终是唯一有效的方法。遗憾的是,双方都缺少可信的支持数据。在此可以开展研究。假设其中一种方法或两种方法都可以缓解双方认同必须缓解的紧迫问题,那么就可以做出有见地的公共决策了。

就像任何对立关系一样,两种对立的事物之间总是存在过渡点,也可以找出相互关联之处。许多学校都采用了兼收并蓄的品格教育方案,借鉴了两大阵营所提倡的原则和策略。目前,采用最广泛的是设在得克萨斯州圣安东尼奥的美国品格教育协会设计的一个长期项目。这个小组精心编了一套材料,把道德推理技巧和关于基本价值观(如自由、诚实、慷慨和公平)的一些非常传统的指导结合起来。一部分课程专门针对诸如药物滥用等问题，老师们被建议记录学生从开学到学年末的行为变化。同样，为了衡量这个充满希望的项目的有效性，还需要进行客观研究，由于缺乏证据，权威机构尚未给出最终定论。

虽然我们没有足够的证据来对当前的道德教育项目做出最后的判断，但基于对儿童道德的了解，我们可以得出许多合理结论。事实上，这本书所记载的理论和研究为我们提供了坚实的依据，以便就学校应该实施的道德教育措施提出建议。

首先，任何项目的总体目标都必须是帮助孩子们自主地思考道德问题。再多的死记硬背和灌输也不能使孩子们足以应对他们将要在生活中面对的许多复杂状况。孩子们必须学会在不明确的情形中发现道德问题，将基本的道德价值观应用到不熟悉的问题上，并在周围没有人指点时找出道德解决方案。掌握这些重要能力的唯一方法就是培养一种分析、理解和管理道德问题的自主能力。道德教育项目必须把培养这种能力作为第一目标，最重要的是不能妨碍它的发展。

这并不意味着道德意识项目应该实践价值观中立做法，就像许多人误以为的那样。事实上，教师若坚持价值观中立，其结果将事与愿违。由于没有让孩子们面对老师真正持有的价值观，老师的这种行为会让孩子们对道德选择产生一种消极冷漠甚至玩世不恭的态度。当孩子们所谓的道德导师都不公开表明自己的立场时，孩子们何需费心去解决道德问题，或者冒险表明自己的立场呢？为了产生持久的影响，道德教育者必须把自己真正拥有的价值观清楚明了地呈现给孩子们。

我们再回到"尊重参与"的原则。如果要儿童成为一个自主的道德行为主体，就必须尊重和培养他们自己做决定的能力。但决不能让孩子们误以为，他们所做的一切决定都是正确的。成年人必须让儿童参与反馈、讨论、推理和辩论，以便清楚有力地传达成年人的立场。在以尊重参与为特征的互动中，成年人和儿童都不是被动的。事实上，成年人必须鼓励儿童积极参与，不仅要确保儿童的专注度，而且要调动他们亟需进一步发展的决策能力。与此同时，出于对自己及儿童负责的态度，成年人要积极表明并坚持自己的价值观。

我认为我们用不着为这些价值观应该是什么而苦恼。无论我们是否对道德持普遍主义立场，很明显，我们社会的许多最基本的价值观都得到了广泛的认同，可以毫不犹豫地代代相传。正如我一开始所指出的，我们都不希望孩子们不诚实、沾染毒品、残忍或做出反社会行为；我们所有人都希望我们的孩子们认可公正合法的权威、他人的需要以及他们作为社会公民的责任。在这个框架内，我们有很多可以争论的东西，但也有很多东西我们都同意可以毫不犹豫地传授给我们的孩子们。

道德意识的本质是在复杂的社会环境中发现道德问题的能力。孩子们通过社会经验自然地发展出一定程度的道德意识，但很少有孩子能完全独自发挥自己的潜力。成年人可以直接或间接地做很多事情来发展孩子的道德意识。

本章所讨论的德育课程为提高儿童的道德意识提供了有益的工具。特别是那些在鼓励儿童积极参与的同时，对道德选择采取明确立场的项目，这些项目已经被证明是最有价值的。由训练有素的教师负责的道德讨论小组也许是实现这些目标的最可靠手段。在这样的小组中，老师提出问题并引导讨论，但是同伴之间的对话能激励孩子们表达自己的观点，倾听彼此的反馈。因此，孩子们会参与到这个问题中来，得到但不是被强行灌输同伴的反馈，并接受成年人的道德指导。这就是在集体教育环境中的尊重参与原则。

然而，除了专门设计的道德教育课程外，在许多其他学校活动中也可以发现道德问题。没有必要将道德讨论局限于明确指定为"道德价值观"的主题。事实上，在任意一个地方指出道德问题，正是孩子们扩展道德意识所需要的一种指导。正是这种指导可以帮助他们将道德价值观应用到日常生活中，而不仅仅是用来进行理论思考。在这一点上，我同意威廉·贝内特的建议，老师应该为学生发现隐含在文学、历史等伟大作品中的价值观。但我要强调苏格拉底方法的重要性。如果要让道德价值观被接受，就必须鼓励孩子们参与价值观对话。通过单向的讲解和讲授是难以取得成效的。

对于在教育环境中培养儿童的道德意识，我还有一个建议。据我所知，这一想法从未被尝试过，但我看不出为什么不能在课外活动或其他学校特殊项目中实施。它将提供一种机制，这种机制能把儿童的道德意识扩展到他们自己有限的社会世界之外。与此同时，它将使儿童直接参与对他们有极大的潜在吸引力的人际交往中去，这样就把阅读体验的广度与人际交往的即时性和吸引力结合了起来。

每个社群都有道德行为表现突出的模范，有男性也有女性。为什么不能有计划有组织地让这些人与我们的下一代接触呢？在现实生活中，我想不出还有什么比接近那些生活中的道德模范能更好地引入道德价值观的了。这种"道德指导"既有启发性，也有启蒙作用。道德高尚的人对一些道德问题是如何回应的？通过给孩子们提供这方面的真实案例，道德指导能提高他们的道德意识。通过展示道德价值观信念转化为有效的社会行动的过程，它还可以促进孩子们的道德行为。

许多学校和研究机构都尝试过让艺术家走进学校和学生一起工作的项目。无论是在公立还是私立学校中，都有无数的艺术工作坊、研讨会、大师课程、住校作家项目，以及其他尝试，目的是为了在学生和从事艺术职业的人之间建立有组织的课堂联系。人们普遍认为，这些都是向孩子们灌输艺术技能和持久动力的有效方法。

"道德导师"可以在道德领域提供类似的教育功能。当然，他们本身并不一定会被贴上"道德导师"的标签：这只会导致学生的怀疑，而且不管在什么情况下，几乎没有人愿意这样宣称自己（甚至在私下里认为自己是这种身份）。但他们在很多道德问题上可以被看作是引路人，比如给无家可归者提供住处，给人治病，照顾被遗弃的孩子，等等。介绍和讨论最初可以集中于这些问题，但不久就可以扩展到这些问题所代表的一般原则和价值观。

我希望接下来的交流将是儿童道德教育中最深刻、最生动的交流。和"道德导师"接触的结果是，孩子们可能会受到启发，把一些空闲时间花在真正的助人活动上，也许是沿着道德导师自己事业的方向（甚至是参与到其事业中）。放学后参加慈善活动的孩子对这种经历的记忆会远远超过只在学校或教堂里听说这种事情的孩子。通过鼓舞人心的榜样引导孩子们做实事，将鼓励孩子们承担真正的道德责任，此乃道德品格的核心。